智元微库
OPEN MIND

成 长 也 是 一 种 美 好

最后一个儿童节，当时觉得跳舞是一件稀松平常的事，
未曾想到将来要做同样的动作需要付出多少努力

出院前一晚留念。
为再次战胜死亡的自己竖起大拇指

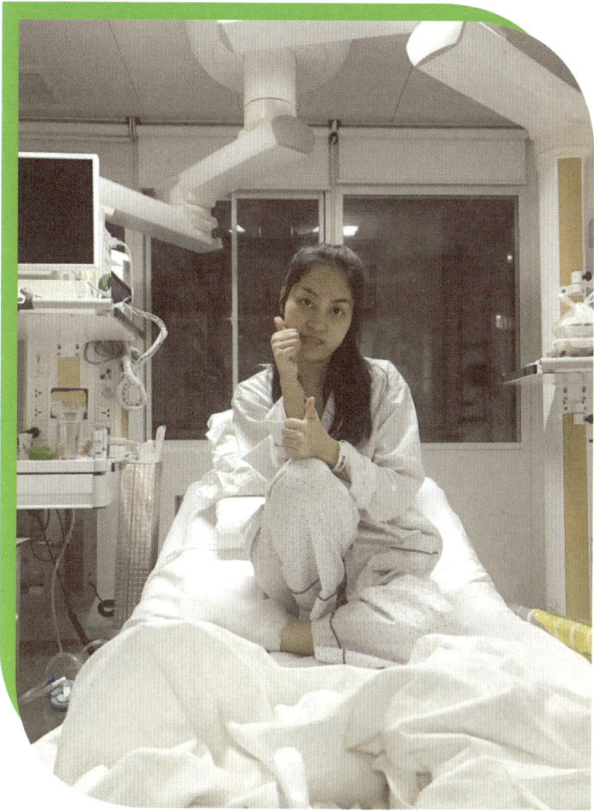

孕 7 月 + 留念。我想做一个勇敢的妈妈，

痛终有时，爱必将至

一家三口在海边。女儿想看海，出院后的妈妈在爸爸背上帮她实现心愿

妈妈和我

我和女儿

女儿画里的她和妈妈。她希望妈妈
可以再次跳起舞

女儿写给妈妈和娃娃的
妇女节祝福

亲爱的妈妈和娃娃"三八节"快乐，祝您身体健康、工作顺利、万事如意，貌美如花。爱您呦!

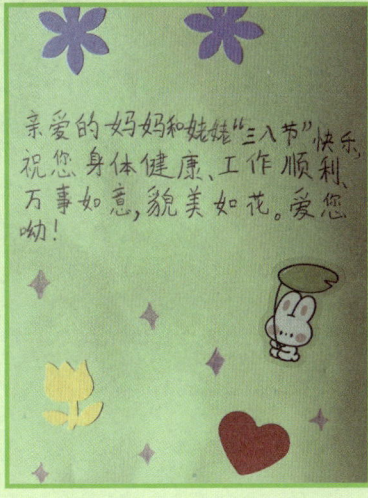

吹气练发音。

为了锻炼说话能力，每晚用压舌板压住僵硬的舌头，从声母、韵母的发音练起，一年用断了三百多根压舌板

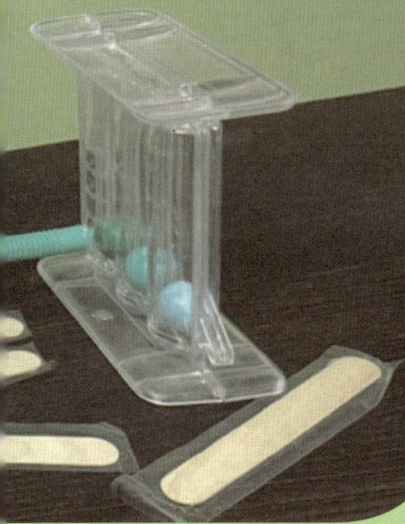

在节目上讲自己的故事

曾经直不起腰，走不了路，四肢无力，
经过千锤百炼，如今也能翩翩起舞

将爱 有痛 我笃信
至必 时终

汪迪

/

著

人民邮电出版社

北京

图书在版编目（CIP）数据

我笃信：痛终有时，爱必将至 / 汪迪著. -- 北京：人民邮电出版社，2024.7
  ISBN 978-7-115-63975-2

  Ⅰ. ①我… Ⅱ. ①汪… Ⅲ. ①成功心理－通俗读物
Ⅳ. ①B848.4-49

中国国家版本馆CIP数据核字(2024)第056627号

◆ 著 汪 迪
  责任编辑 王铎霖
  责任印制 周昇亮
◆人民邮电出版社出版发行 北京市丰台区成寿寺路11号
  邮编 100164 电子邮件 315@ptpress.com.cn
  网址 https://www.ptpress.com.cn
  天津千鹤文化传播有限公司印刷
◆开本：880×1230 1/32   彩插：20
  印张：7   2024 年 7 月第 1 版
  字数：160 千字   2024 年 7 月天津第 1 次印刷

定　价：59.80 元
读者服务热线：（010）67630125 印装质量热线：（010）81055316
反盗版热线：（010）81055315
广告经营许可证：京东市监广登字20170147号

皓月圆满过，亦渐渐消损；
骄阳闪耀过，会沉入大海；
狂风怒吼过，终幻作叹息；
永恒哪有过，请珍惜眼前。

献给此刻翻书的你

推荐语

看到书名就被深深震撼，被石化的庞贝古城废墟里有这样一句箴言"痛终有时，爱必将至"。爱和希望都是一种信念，恰巧这种信念在汪迪身上和她的书里都显而易见。

——手指头品牌创始人
畅销书《孩子笑了就对了》作者◎阳子

这是一部充满力量与温度的生命颂歌。汪迪的文字如同一道光，照进每个渴望幸福与希望的心灵，向所有人传递着"不论遭遇何种困境，只要内心充满信念，痛定将过去，爱必将来临"。让我们一同翻开这本书，感受那份痛过后的重生之力，以及爱所带来的无限奇迹。也请相信：万物皆有裂痕，那是光照进来的地方。

——十点读书创始人◎林少

作者特别了不起！她的书，会让你很感动，更会让你收获"让自己变得更强大、更幸福"的精神密码。我强烈推荐！

——个人品牌顾问
《一年顶十年》作者◎剽悍一只猫

读这本书的过程中，几次泪奔。作为一个从小身体就不好，手术都做过两回的人，我非常理解作者为什么说"人生除了生死，一切都是擦伤"。跟作者一样，我吃过很多药，也非常担心吃那些药有副作用。在治疗身体的过程中，最开始是没人懂得如何治疗情绪的。跟我一起的病友，很多人都性情大变，病好后人"变坏了"，变得"不可理喻"了，我以为这只是创伤后遗症，读了这本书后才发现，并不是这样。希望每个在病痛中，或者病后看起来好了的朋友们，都反复读这本书，你其实心里还没好，你需要接纳自己还只是在慢慢变好的路上。也希望每个人对身边生病的人多一些体谅，对于他们的"反常"，读了这本书你就懂了。

——《如何有效阅读一本书》作者◎笔小钱

靠谱的人，能把每个伤疤都变成勋章。汪迪是心甘情愿地相信、身体力行地坚持的人，她永远相信明天会更好，身处逆境也相信总会有办法。汪迪的经历非常感人，她身上散发出的乐观和坚持能影响很多人。《我笃信：痛终有时，爱必将至》里讲了她的故事，相信很多朋友能从这本书里获得勇气和能量。

——《靠谱》作者◎侯小强

有的人来到这个世界，是注定要照亮世界的。她也许会遭遇磨难和不幸，但这些都是上天对她的考验。注定照亮世界的人内心极其笃定，天赋使命的人最终都会登上山顶。汪迪就是这样的人，她的故事值得被更多人看见。

——网红校长Alex

汪迪老师说:"我不在乎未来有多少坑,我一定可以把它填平。"读这本书时,我多次被这种强大的意志力和昂扬的生命力打动。她像一道光,可以穿过云层、穿过缝隙,照亮每一个人,给所有人温暖和信心。

《我笃信:痛终有时,爱必将至》是一本能够激发内心潜能、鼓励我们面对困难不放弃的书,能让人生视野更开阔,能让我们看到心灵的力量,幸福的滋养,让我们在任何时候都有勇气创造属于自己的机会,有信心追求属于自己的幸福。

——图书推广人◎二希

汪迪老师乐观、向上的精神之力给了我巨大的感染,相信也能给很多遭遇挫败、低谷、绝望的朋友以力量。我希望这种力量能传播给更多的朋友,希望更多的朋友能感知生活的美好,感知生命的更多可能!

——书香学舍主理人
《定位高手》作者◎刘dln

即使身体被禁锢,依然可以选择自由的意志;即使人生遭受厄运,依然可以追寻美好和幸福;即使自我很弱小,依然可以成为一个小宇宙,好好爱自己,也给身边的人无尽的爱。

汪迪老师的人生经历不仅点燃了自己,也可以点燃你我,让我们更加理解什么是人生最重要的,帮助我们找到本自具有的内在力量。

——有书创始人◎雷文涛

　　读《我笃信：痛终有时，爱必将至》，深信：你只是来体验生命的，你什么都拥有不了，也留不住。不需要证明什么，更没有什么事是必须实现的。你要做的，就是不断尝试，然后放下。我们来到这世间，只是为了看花怎么开，水怎么流，太阳如何升起，夕阳何时落下，经历有趣的事，遇见难忘的人，生活原本很沉闷，但跑起来就有风了。

——中国作家协会作家

《一生欠安》《允许一切发生》作者◎李梦霁

2019年1月，重症监护室的病床，那是我这本书雏形诞生的地方。刚刚被抢救回来不久，身体还不能动弹，只有右手几根指头恢复了一点力气，我便开始用颤颤巍巍的手握着笔在本子上涂涂写写。当时的我，并不确定未来还有多少时间，抱着能写几笔算几笔的心态，希望给还不识字的女儿留下一点妈妈的故事。

大年三十下午三点左右，我办完出院手续赶回家过年，特别的出院时间可以让我记忆犹新一辈子。回家休养了一段时间，还没等身体完全恢复就忍不住想把故事写完。

坐着写、趴着写、跪着写、躺着写、站着写、侧着写，每一个姿势我都坚持不了太久，只能换着来，你能想到的姿势被我用了个遍，正所谓"条条道路通罗马"，我在通往我的"罗马"之路上有点过于千姿百态了，哈哈哈。

初稿20万字就是在这番情景下草草完成的。看到这里，也许有读者朋友会觉得故事过于"炸裂"，可我自己并不这么想，反而觉得很有趣，很好玩，很酷。我猜没有哪一位作者是以这样"好看"的姿态去写文章的。

当你觉得人生还挺不错时，不管遇到什么糟心事，都会变得好玩起来；当你觉得人生总不尽如人意，就算遇到好的机会，也很可能与之擦肩而过。

可能正是一直拥有阳光心态，2020 年，我命运的齿轮开始转动，我的故事被主流媒体报道，受邀录制电视节目，在接受采访时提及写书的事，不曾想会被众多网友追问："书什么时候出版？"我没有听错吧？原来和我素不相识的朋友会想看我写的书？

大概是"不识庐山真面目，只缘身在此山中"，我只是在很认真地生活，从未想过自己的故事会如此励志，会受人喜欢，会带给大家能量、希望和爱。

谢谢所有朋友给予我厚爱。有一种使命感和责任感油然而生，我应该毫不吝啬地把故事分享给更多需要的朋友。

接下来的三年多时间，我断断续续地修改和完善书稿，包括书名和封面我们都修改过很多版。起初只是随便写写，给女儿留个纪念，真的要跟读者朋友见面，那就必须细细打磨。

修改书稿期间正赶上新冠疫情，免疫力低下的我，简直是在夹缝中求生存，身体几次出现状况，还好都挺过来了。在这里跟大家说一声抱歉，让各位久等了，但汪迪没有失言，我做到了。

提到书名，那就聊一聊为什么最终选定《我笃信：痛终有时，爱必将至》。公元 79 年，维苏威火山爆发，曾经辉煌的庞贝古城瞬间被摧毁，这个被石化的城市废墟里有这样一句箴言"痛终有时，爱必将至"。

相信每个人看到这句话内心深处都会有不同程度的震撼和感动，都有自己独特的理解和感受，都有一种只能意会、不能言传的情感或情绪。

2015 年，有幸去意大利，第一时间我并没有去威尼斯水城、比萨斜塔、罗马斗兽场……而是去了亚平宁半岛西南角坎帕尼亚地区的庞贝古城。站上古城的一刹那，我情不自禁地潸然泪下，各种心情涌上心头，交织在一起，说不清道不明，一切的语言都显得那么的苍白无力，只有古城上空的蓝天、脚下的土地、此刻呼吸的空气、被深深触动的身体、眼睛和心明白我此时此刻的所思所感。

一座辉煌的城池都有自己逃不脱的命运，何况我们的一生，怎么会不遇到挫折和灾难呢？保持坚定的信念和勇气，相信美好，相信自己，相信爱和希望最终会到来。打开这本书，我们就是有缘的，愿《我笃信：痛终有时，爱必将至》可以给每一位读者带去满满的能量、希望和爱。

如果一不小心，书中的哪一句话对你有一星半点的帮助或启发，我将深感荣幸。如果你身边的朋友正处在迷茫、困惑、焦虑、低落、无感、抑郁、恐惧、看不到希望、对任何事都提不起兴趣、长时间不快乐的至暗时刻，请大方与他分享此书，赠人玫瑰，手有余香。

分享美好，收获快乐。

见字如面，阅读快乐。

汪　迪

2024 年 5 月　写于北京

目录

Chapter 1　第一章
人生除了生死，一切都是擦伤

Chapter 2　第二章

风吹不走一只蝴蝶，生命的力量源于自己

Chapter 3　第三章

允许自己做自己，允许一切如其所是

Chapter 4　第四章

生活原本沉闷，但跑起来就会有风

Chapter 1

第一章

人生除了生死，一切都是擦伤

寂静的光辉平铺的一刻，
地上的每一个坎坷都被映照得灿烂。

——史铁生

灾难或许是上天的一种馈赠

17岁，年少无知的年纪，自由自在地做着天真烂漫的梦；

17岁，无所畏惧的年纪，天高海阔得似乎可以任自己闯荡；

17岁，奋斗拼搏的年纪，为考上理想的大学挑灯夜战；

在我的17岁，老天爷却和我开了一个"玩笑"，一切美好都戛然而止……

突然失声是一种什么感觉

时光倒流到高中二年级。那是碧空如洗的一天，我像往常一样早早起床，迎着朝阳，伴着晨曦，蹬着心爱的自行车，准时到校去上早自习。

教室里书声琅琅，身在其中的我，读着读着却听不见自己的声音了。

当时，我的第一反应并不是身体出了问题，我以为自己出现了幻觉。我下意识地用双手紧紧捂住耳朵，再猛地松开，发现并不是幻觉，因为周围同学的读书声依旧此起彼伏，听得真真切切。

我深深地憋了一口气，使出全身最大的力气，咬牙切齿地去读书上的每一个字，可无论使多大力气，我都无法听见自己哪怕微弱的一丝丝声音。我觉得自己就像被一位武林高手从背后点了哑穴。

刹那间，我的手心微微冒汗。然后，我试着去喊身边的同学，没有声音，也无人应答。我的心里"咯噔"一下，后背忽然一紧，出了一身冷汗。一丝担忧悄然爬上心头。深呼吸几次后，我让自己快速镇定下来，安慰自己：没事没事，肯定是这几天营养没跟上，昨晚又没睡好，加上学习压力大……这真的只是偶然而已！

自我安慰一番后，我已不再冒汗，抱着侥幸的心理，期盼明天可以好起来，但心里还是留下了一个小疙瘩。回到家，我快速写完作业，吃完饭，洗漱完早早就上床睡觉了。

第二天起床，神奇的一幕出现了，我果真又能说话了，只是声音没有之前清脆洪亮而已。这让我产生了一种错觉，以为没什么大碍，就是睡眠不够导致的暂时性言语障碍，只要休息好就没问题了。然而，平静的日子没过几天。一天傍晚放学，我和小伙伴骑自行车回家，原本大家一路都是有说有笑的，我却变得异常冷漠。我不是有意为之，而是因为再次"失声"了，不仅声音变微弱，吐字也开始含糊不清。我的心情越发沉重起来，因为我知道，这不是偶然，是真的有事要发生了。

我就读于一所省重点中学，学校的学习氛围相当浓厚。在我当时的认知里，高考就是人生唯一的出路。千军万马挤独木桥，唯有拼尽全力方可获胜。高考倒计时的数字牌挂在教室正前方，所有同学都在埋头苦读，老师和家长似乎也只关心考试排名和分数。

在传统教育下长大的我，从小就养成了报喜不报忧的习惯，极少给父母和老师添麻烦。生病初期，我说话不太清楚，不像以前那样爱说爱笑了，也刻意减少说话的机会，不和同学们一起出去玩，一下课就装模作样地捧着书读，更不像以前那样积极参加学校的主持、表演、运动会等活动了。

为了不被老师发现，我在早读时就开启"浑水摸鱼"模式。老师经过的时候，我就拿着书装作在认真朗读，老师不在的时候，我就有气无力地动动嘴唇。上课的时候，我把书桌上的书摞得高高的，高到一低头就可以把我的脸藏在后面，假装在低头认真学习。要是老师提问，我绝对不抬头和老师有眼神上的任何交流，恨不得钻到桌子底下。

在我的极力掩饰下，学校老师、同学都没有发现我的异常，但终究纸包不住火，我的异常还是被妈妈发现了。她感觉到我那段时间不怎么说话，想着可能是我学习压力大，也没说什么，但没想到我越来越不对劲，回答问题总是嗯、啊、好、行……不超过两个字。吃完饭，她看着我说："你最近怎么都不怎么说话，也不笑了，你说话我听一下。"我只好用僵硬的舌头，含糊不清地回答了她的问题。她反复确认，我是真的说不清楚，不是装的。瞬间，我看到妈妈的脸上写满了担忧。

白白挨了一剪刀

我的老家在安徽宣城，这个城市你可能不熟悉，但李白的"众鸟高飞尽，孤云独去闲。相看两不厌，只有敬亭山"一诗就是在宣城写下的。还有，文房四宝之一的宣纸，应该无人不知无人不晓，它的故乡也在宣城。

在20年前，宣城只有两家不大的公立医院，我们的求医之路也只好从这两家开始。

妈妈很快就向学校请了假，带着我匆匆赶去了医院。我们一家三口站在挂号大厅左右为难，不知道这样的症状该挂哪个科室。耳鼻喉科？口腔科？还是……妈妈说，别犹豫了，咱就一个科室一个科室地挨着看吧。我们就像一只"皮球"，从这个科室转到那个科室，几乎和发音沾上边的科室全看了。没想到，折腾了半天，我们一无所获，各科医生都对我的情况闻所未闻、见所未见，更没有办法给出诊断。

正当我们迷茫时，有一位口腔科医生的"创意"令我印象深刻，他自信满满地说："说话不清楚是舌系带短导致的，剪完舌系带就好了。"见我们有一点担心和犹豫，他接着说："这就是一个小手术，一剪刀的事，现在就能做。"旁边有位医生也附和："上周就有人做了这个小手术，第二天说话就清楚了。"被医生们这么一说，妈妈心动了，考虑片刻后决定试试看。毕竟看了那么多科室，也没有其他更可靠的说法，没准儿这样能治好我呢？

从小到大，我最怕的就是看牙科，一想到躺在那把冰冷的椅子上，被大灯俯照，伴随着"吱啦吱啦"钻牙的声音，我的腿不自觉地抖了起来。

小医院的流程简单，说干就干，医生开始给剪刀和钳子消毒，不时发出金属撞击声。那一瞬间，我身上的汗毛都竖了起来，鸡皮疙瘩起了一身。三下五除二，医生就把我的舌系带剪断了，可从头到尾好像都没人给我打麻醉药，我也由于紧张没关注到疼，只是满嘴鲜血止不住地往外流，医生见状，不停地往我嘴里塞棉球，不停地换棉球，棉球用了一大盒，等血止得差不多了，我开始感觉到舌头下方撕裂的疼。医生嘱咐："行了，可以回家了，今天就不要吃东西了。"嘴里含满棉球的我，就这样被父母领回了家。

做完小手术后过了几天，我的情况不仅没有好转的迹象，反而越来越糟糕了。我不仅说话更不清楚，喝水偶尔也会呛到，还不时出现吞咽困难。我们只好再去医院看，医生们也束手无策，只是说了句"去大医院看看吧"。

父母的朋友介绍的一位医生，推荐我们去外地的大医院挂神经内科试一试。神经内科？我们很诧异，不能说话怎么和神经内科有关？看来这不只是说话的问题了！父母意识到了问题的严重性。

离宣城最近的是芜湖市，当天我们就满怀希望地坐车去了芜湖最有名的医院。恰巧当天下午赶上神经内科的知名专家出诊，那位专家询问了一些情况，并让我做了下蹲、上举等一系列活动后，发现我的胳膊和腿还是有一点儿力气的。他又得知我每天还能骑自行车上学，体育课也照常上，只是说话不清楚，偶尔喝水会呛到，吞咽有些不顺畅，就又让我去抽血化验，最后给出的结论是：高考压力太大，导致暂时性失语。其实，我内心对这个诊断是半信半疑的，可谁又能反驳专家呢？只好带着失望打道回府。就这样，我又一次被误诊。

时间一天天过去，我的状况也由不能言语、吞咽困难、闭眼不全、无表情，发展到手指张开无力，跑步偶尔会摔跤……我们只好再次启程，赶到省会合肥，把几个大医院都跑遍了。其中有一位专家说："要不然做个脑部的核磁共振，看看是不是大脑里长了东西压迫到神经系统导致的。"医生越说我们越害怕，大脑里长东西可不是开玩笑的。

人生第一次做核磁共振，印象比较深刻。20年前，母亲一个月工资才几百元，我是高中生，没有医疗保险，完全是自费，1000多元做一次核磁共振，我非常不情愿。妈妈说："做吧，你别管费用，检查完放心。"

我们提心吊胆地等了3天，好像等了3年那般漫长。到了终于能去医院拿检查报告的那天，我跟在妈妈后面，当时的场景还历历在目。我们走到取片室门口，正要伸手开门，一位20多岁的姑娘从里面出来，她看了一眼手中的报告单，一屁股坐在地上号啕大哭。哭声惨烈，让人心头发颤，让原本就有些担心的我们，更加害怕看到检查报告了。妈妈本来伸出去要开门的手，不自觉地缩了回来，我偷偷看了一眼妈妈，发现她的眼睛湿润了。我们站在门口许久都没有勇气进去取检查报告。最终，我一狠心、一闭眼，绕过妈妈开门进去了。拿到检查报告赶紧扫一眼结果，虚惊一场，大脑一点儿问题也没有。刚开心完不到 3 秒，乌云又悄悄爬上母亲的脸庞。

被电击到怀疑人生

后来，亲戚给我们推荐了一位老专家，经验丰富，看过很多疑难杂症，这可能是我们在合肥的最后一丝希望。

门诊当天，我们走进诊室，看到老专家耄耋之年居然还在开堂坐诊，感到有些震惊。他的身边站着五六个年轻医生，应该都是他的学生。在我们描述完病症的基本情况后，老专家缓缓抬眼用微弱且颤抖的声音说："你现在开始眨眼睛，眨 100 次。"我心想，怎么会有这么好玩的检查方式？

眨了一会儿我略感疲惫了，越眨越觉得累。他让我瞪大双眼，观察我的瞳孔大小，然后对我的眼睛做了一番检查，之后又做了一些其他检查，就再没说话。老专家讲话有些费劲，都是学生凑近听，再转达给我们。他用颤巍巍的手在纸上写些什么，不一会儿，学生便把诊断单递给了我们，单子的最后一行写着，确诊为"重症肌无力"①。就是这五个字，改变了我一生的命运。

---

① 简称 MG，一种自身免疫性疾病，临床主要表现为部分或全身骨骼肌无力和易疲劳。——编者注

当时我们并不知道"重症肌无力"是什么病，但单凭这几个字就知道情况不妙，妈妈再也忍不住，眼泪夺眶而出，全家人都沉默不语，空气在那一刻凝固。

"去缴费，抽血、做新斯的明试验和肌电图检查"，年轻医生的声音打破了我们的沉默。妈妈抹了一把眼泪起身走出去，我还要做一些检查，看一下最终的确诊结果。20 年前技术不发达，也可能是我在的城市医院设备老旧，又或许给我做诊疗的是技术生疏的实习生，总之，肌电图检查让我深刻体验了一次"上刑场"。

肌无力检查的科室在一个破旧的二层小楼，楼道的灯坏了一半，阴森的走廊尽头有一个房间虚掩着门，门的下半部分是木头材质，已经大面积朽烂，门的上半部分是玻璃，里面挂着白布帘。我拖着沉重的脚步走进检查室，一位年轻的医生戴着眼镜，一看就是实习生或刚毕业的学生，他让我躺在靠墙的诊床上，分别在我的脸上、头上、腿上插了一根根比中指还长的粗针，一大半插在肉里，一小半露在外面。露在外面的那头用特有的导线连到一台机器上，医生手握小锤头，击打我全身各个部位，要通过电击来观测肌肉反应。我腿部的疼痛没有那么明显，被电击得最惨的是我的脸颊和两侧耳后，电击得很持久、很彻底。

面部的肌肉连带着整个脑袋被一次次震颤，耳后、左右脸颊、鼻子、眼睛周围，每一个部位每一组电击 30 次，几组下来我的双眼就开始冒小星星了，电击到最后我已经失去痛感，麻木了。将近 1 小时，我被电击了成百上千次，每一次快要崩溃时我就想刘胡兰、黄继光、邱少云……把各位英雄的名字在心里默念无数遍后，我的胸部以上基本失去了知觉。

也不知道被电击了多久，就像做了一场噩梦，我听到有人叫我的名字，拍打我的脸，把我从梦中唤醒，搀扶着我坐起来。我坐在床边，感觉天旋地转，脑袋嗡嗡作响。

结果出来了，和老专家的判断一致，就是"重症肌无力"。我们仅存的一丝幻想瞬间破灭，心被打入了冰窖。知道了结果就要对症治疗，老专家说，这个病目前在合肥主要采用甲强龙激素冲击治疗，听完整个治疗过程和治疗的后果，家人和我都觉得无法接受。

从医院出来，我们再次陷入纠结与迷茫，有些不知所措。只不过，妈妈有一点是坚决的，她说："这种治疗方式不行，我们再去别的地方看看，我就这么一个女儿，砸锅卖铁也要看，不行就把房子卖掉。"

到家后，我们和家里其他人商量了一下，父母决定带我去北京看病，首都有那么多大医院，说不定有机会治好。父母各自去单位请了假，帮我办理了一年休学，收拾好行李，去火车站买车票，我们便开启了漫漫北上求医路。

我们一路向北

我们坐上绿皮火车，一天一夜之后才到北京。下了火车，两眼一抹黑，举目无亲的我们看着火车站的人山人海，不知道该何去何从。没有人接、没有预订住宿的地方、没有导航设备、没有智能手机，我们就在火车站的报刊亭买了一张北京地图，拎着大包小包艰难地问路。

第一站，我们赶往了仰慕已久的北京协和医院，一场持久战的序幕正式拉开了。因为不知道要在北京奋战多久，也不知道有怎样一笔巨额的医药费等着我们，我们打算先去找个落脚的地方。住宾馆想都不敢想，只好在协和医院对面的胡同里租了一个破烂不堪的老房子的一个隔断房间。把晃晃悠悠的门推开，里面就两张小床和一个板凳，多一样东西也没有。炎热的夏天没有空调，上厕所要走10分钟去另一个巷道里被蚊虫萦绕的公共厕所。

20年前，没有网上预约挂号，只能去排队挂号。挂号之难，难以描述，专家号更是一号难求。

不知道经过多少次彻夜排队，终于挂上了专家号。我们面对的第一个问题是这里的医生不认可地方医院做的检查，这意味着我之前受的罪、抽的血、检查对身体的创伤和各种检查费用都没了用处，一切都需重新来过。最让我恐惧的是，还要再做一次恐怖的肌电图检查，这一项足以让我崩溃，别提还有十几项检查等着我。尽管心中有一百个一千个不愿意，我还是再一次被拉上"刑场"……

所有检查做完，结果出来了，不出意外地被确诊为"延髓型＋全身型重症肌无力"。当时，协和医院的医生给了我们两个治疗方案：甲强龙激素冲击疗和做手术。我询问医生手术要怎么做，他们轻描淡写地说："用电锯把胸骨打开，切除胸腺，再用铆钉把胸骨缝合，这些铆钉会跟着你一辈子，遇到阴雨天身体会疼痛。"

听完这番话，我打了一个寒战，后背"炸"出一身冷汗，父母的脸色也凝重起来。一个正常的成年壮汉做完这个伤筋动骨的大手术，身体也吃不消，何况我才17岁，是一个还在生长发育的小女孩，那个刀疤之大也不是一个女生可以接受的，我们决定再去别家医院寻找希望。

北京名气比较大的几家医院，我们挨个儿去排队挂了专家号，专家们说法不一，看的专家越多，我们反而越迷茫了。在约定做手术的前一天，正当我们走投无路时，得知上海有一家医院可以做穿刺治疗。我们如同抓住了一根救命稻草，在绝望中看到了希望，就匆匆办理了出院手续，拿上行李退房。不知不觉间，我待在北京看病已经一个多月。一家人又赶去火车站，坐着绿皮火车去了上海。

我们挂号的上海医院那位教授是湖南人，虽然到上海多年，但依然带着可爱的乡音。他戴着一副眼镜，显得文质彬彬，和我交流病情时非常有耐心，让我恐惧的心一下子被温暖了。教授对我做了仔细检查并分析了病情后，说我的情况不太适合做穿刺，给了一份适合我身体情况且令我们全家满意的治疗方案，就这样，我在上海又治疗了一个多月。

在外漂泊求医了3个多月，我们遇到了各种各样的麻烦和困难：在车上，被小偷用刀划开行李包，偷走了原本住院要用的现金；求医心切的我们上过当，也受过骗，碰到了"黑中介"和"黑黄牛"，走了弯路，吃了苦头，忍了委屈。好在我们终于可以带着治疗方案和大包小包的药回家了。这段求医路就像西天取经一样，我们历经了九九八十一难，遇到了各路妖魔鬼怪，但我们没有放弃，取得了"真经"。

从上海回来之后，我谨遵医嘱，每天按时吃药，定期复查，一边治疗，一边上学，病情没有再继续发展，但症状也从未完全消失，时好时坏，波动不定，我每天要做的就是在波浪线中找到属于身体状态的平衡点。

这种免疫系统的疾病和情绪等因素关系密切，平时不能熬夜，不可疲劳，要注意营养、预防感冒、避免外伤，注意禁忌药品的使用，才能避免复发。

这种病虽然可怕，让我全身瘫软无力、复视且睁不开眼、无法言语、无法吞咽、无法微笑，我却从没有想过死亡竟离我如此之近。

死亡真的离我那么近吗

2015 年 2 月，我奇迹般顺产生下女儿。当然，生产过程也差点儿要了我的命，但最终逢凶化吉，母女平安，全家人都沉浸在喜悦中，所有人都认为危险已经远离。第一次做妈妈的兴奋和母爱凝结的奉献精神，让我忘记了自己还是一名病人，毫不犹豫地选择了母乳喂养。

原来，我要过的难关，不只是生孩子。涨奶涨到发烧住

院，又因奶水不足逼迫自己喝汤喝到呕吐，新生儿黄疸，一连
串的问题，迫使我在月子里就跑了很多趟医院，出月子时体重
不足百斤。而且，母乳喂养需要我每晚至少起夜 3 次，时间还
不固定，导致睡眠系统彻底紊乱。半年之后，我的身体被透
支。我也在女儿满 6 个月的那一天病倒了。莫名其妙的高烧不
退，换了好几种退烧药都不管用。而且高烧后，身体之前所有
的症状都开始显现，言语不清、喝水会呛、吞咽困难、全身无
力、连头都抬不起来。

家人意识到了问题的严重性，让我火速赶往医院住院，但
由于床位紧张，我们只能在走廊的临时床位上输液。我在破旧
的大楼里，在闷热的夏天没有空调的走廊上，在蚊虫叮咬中熬
了两天，终于有人出院了，我也被挪进了一个三人间的病房。

进医院时，我被家人搀扶着还能挪几步，从走廊转到病房
时我的整个身体就像一摊烂泥，不能动弹，也没法被抬上病
床，最后是连着床单一起抬上去的。病情恶化速度之快，让医
生们始料未及，氧气和各种监测设备都用上了，呼吸机也推到
了病床边。傍晚下班前，重症加强护理病房（ICU，即重症监
护室）的主任也过来了，看看我的情况是否需要转到 ICU 抢
救。我至今依然清晰地记得那个场景，主任走到我的病床前
看了一眼说："哎哟，这么年轻，ICU 里都是非常危重的病人，
随时都有死亡发生，她在那样的环境下会有很大的心理压力，
不一定能承受得住，而且目前 ICU 也没有床位，先观察一晚
上，如果实在不行明天再想办法调整床位。"

老家的医院对重症肌无力不太了解，医生开会讨论了半天也拿不出抢救方案，更别提如何对危象病人进行抢救了。家人也考虑过转院到上海，可是以我当时的身体状况，仅路上的颠簸可能就会要了我的命，只好放弃了转院的念头。下班前，医生给我戴上了呼吸机，并把家人叫到走廊上说了些什么。其实我心里明白，那是在下病危通知。那是我第一次感觉到，原来死亡离我近在咫尺，躺在病床上的我已经完全靠呼吸机呼吸了，机器若是断电，我随时会在这个世界上消失。

晚饭后，陆陆续续来了很多亲戚，一下子把空荡荡的病房塞得水泄不通，她们应该是得到消息，认为我可能挺不过去了。妈妈终于忍不住号啕大哭起来，亲戚们也跟着抽泣。我躺在病床上一动不动，睁开眼睛的力气都没有了，这个场景就像是家人们在为我开追悼会，送我最后一程。

生病这么多年，确实有点受够了折磨，但我的生命真的要画上句号了吗？我正在迷迷糊糊地想着，门"砰"的一声被推开，爸爸大声喊我的名字："汪迪，汪迪，你把眼睛睁开看一看，宝宝来了，宝宝来了。"我使出吃奶的力气把眼皮睁开一条小缝，看到了我可爱的宝宝正在一脸茫然地东张西望，她来到一个陌生环境，见到这么多人，非常紧张，并不知道躺在病床上奄奄一息的是她的妈妈。当时，我用着呼吸机、插着管子、打着吊瓶，全身上下缠满了各种检测设备的导线，没个人样儿，她害怕靠近我。看到女儿的那一刻，我再也无法平静，眼泪夺眶而出，本来呼吸就很困难的我，一哭，鼻涕堵塞，更加喘不上来气，呼吸机面罩上全是哈气，喘气变得十分艰难，我不停地对自己说平静、平静、平静。

不一会儿，女儿被抱回家了，让我见女儿最后一面，可能是家人的心愿。宝宝还那么小，怎么可以没有妈妈？我要看着她一天天长大，我要拉着她的手送她去学校，我想去参加她的毕业典礼，我还想去她的大学校园走走看看，我不能倒下，我不能放弃，我要想办法救自己……崩塌的内心世界，在那一刻重建了。我的大脑飞速运转，全身每一个细胞和每一根汗毛都在配合大脑高速运转，突然，我想起了一位老朋友。

妈妈就坐在我床边，我用仅能动弹的那一根手指，在她手上写了两个字"手机"，妈妈立刻心领神会地把手机拿来。她问我要打给谁，我又在她手上比画了几下，母亲和我确认后拨通了电话。我从来没有觉得电话"嘟嘟嘟"的待音间隔那么漫长，我很担心上海的教授出国开会或没有听见电话。电话响了3声后接通了，妈妈简单地介绍了我的情况，经验丰富的教授很快给出了抢救方案。

经过一个晚上的抢救，我依然没能完全脱离危险，接下来就得看我自己的造化了，如果不出现任何意外，如果我能挺到明天各项指标依然平稳，那就有可能度过危险期。

那个夜晚是我人生中最漫长的一夜，像过了好几年。在药物的作用下，我非常困，但不敢睡觉，生怕一睡着就再也醒不过来了。我不断提醒自己：不能睡觉，保持清醒，不能睡着。并在心中默念：要活下去，活下去、活下去、活下去、活下

去、活下去……

天怎么还不亮？怎么还没有亮？快点亮起来。不知道默念了几万次后，我终于看到一丝微弱的阳光照到房间的窗户上。那一刻，我的心也跟着亮了起来，脸庞划过一滴幸福的眼泪。我知道，天亮了，最难熬的一夜我挺过来了，我战胜了死亡。

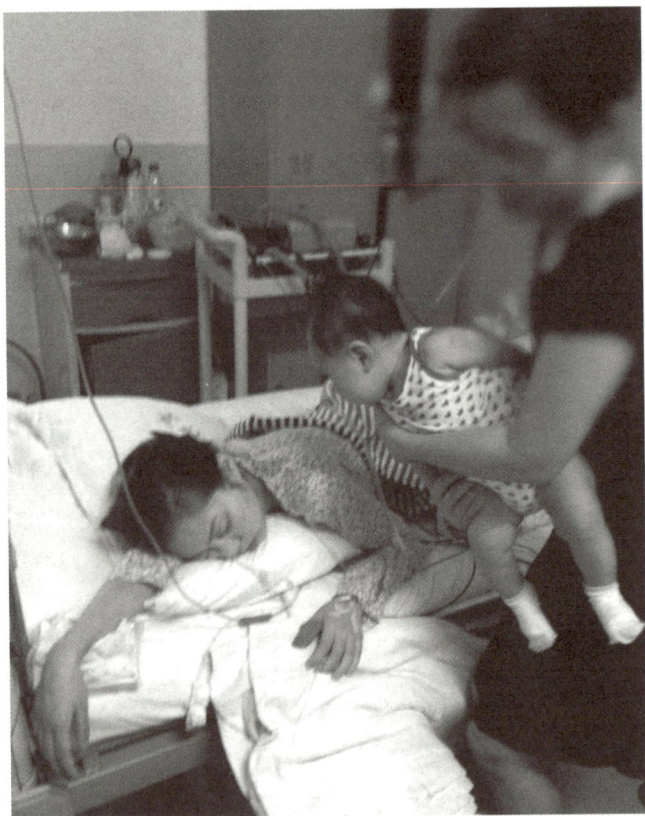

第一次与死神擦肩而过。拍摄于 2015 年 8 月（宝宝 6 个月大）

　　紧接着，我在医院治疗了一周多。呼吸机、插的管子和身上所有监测设备陆续摘除了，但我依旧不能正常平躺，平躺就会被痰或唾液噎住，容易窒息，趴着是比较安全的姿势。母亲抱着宝宝来医院看我，可惜我没办法转过身看她。

　　回想起来，在濒临死亡的那一刻，我的内心满是无助、害怕、不舍和对未知的恐惧，求生的本能让我在生死线上挣扎，最放不下的孩子、父母及其他家人成了支撑我挣扎过来的最大力量。

　　经历过死亡的洗礼，特别是好几次在死亡线上挣扎后，我现在反而无惧死亡，可以平静地看待，坦然地面对，也更珍惜眼前的一切。回想之前的所有遭遇，被非议、被嘲笑、被排挤、被歧视、考试落榜、面试失败、事业受挫、不被理解、不被认可、不被公正对待、被信任的人背叛、被小人暗算……原来在死亡面前，这些都不值一提。

　　经历过死亡之后，我也真的感悟到，人生除了生死，其他都是擦伤。你的每一天，都是你余生最年轻的一天，只要开始，一切都不晚，只要还没有盖棺定论，就有逆风翻盘的机会。

重症肌无力是上天送我的隐藏款礼物

　　我与重症肌无力这位"老朋友"，已经斗智斗勇相处了20年。我们曾经互相讨厌、嫌弃、水火不容，甚至多次想"灭掉"对方，可最终我们选择了互相接纳、互相理解、互相喜欢，从最讨厌的"陌生人"变成了最熟悉的"好伙伴"。

生病之前的我开朗活泼，是校舞蹈队的成员，也是大合唱的领唱，常常代表学校参加全市各类比赛，主持各种晚会，可谓风光无限。那时候，我的梦想是长大后做一名主持人，可老天爱开玩笑，偏偏让一个声音甜美、乐于表达的人不能开口说话。

记得刚刚被确诊时，听到医生说我以后可能无法生活自理，可能永远言语不清、永远失去表情，严重时会卧床不起，复发有生命危险，我的眼前就开始一片漆黑，心如死灰，整个人就像掉进了一个无边无际的黑洞，不知道我的未来在哪里，不知道自己还有没有未来，不知道自己还有什么必要留在人世间。

一颗未经磨炼的心灵是没有深度的。多年后我才悟到，冥冥之中自有天意，这或许是老天爷对我的一种更久远的保护，它让我学会了勇敢、坚毅、包容、忍耐、不放弃，也让我的生命力更加顽强、总能绝处逢生，让我更加相信自己，让我在年轻时就懂得了生命的真谛。

我常常开玩笑地说：重症肌无力就像一个金箍套在了我的头上。它是一把双刃剑，限制我的同时也在保护我，让我活得更幸福。

"金箍"抑制我表达，那就少说，多听，多看，多思考，普通人5句话能说清楚的事情，我要尽量用一句话说清楚，这让我学会了言简意赅。

不能熬夜，那我就早睡早起。早起的时光多美妙，能听到清脆悦耳的鸟叫声，可以看到俊俏可爱的小鸟欢快地飞来飞去，可以看见清晨小草上晶莹剔透的露珠，可以去感受城市喧嚣前的宁静。

不能停止康复训练，那我就把它当作每天的运动，把它当作和身体的对话，把它当作对自己的一种修炼，可以更了解自己的身体。

我有时候也会想，如果没有这个"金箍"，我很可能是个敢闯敢拼的"女侠"，会飞得很高，会一直往前冲，会力争上游，会忘记踩刹车，会奋不顾身地拼事业而忽略生活中很多重要的东西，最终也未必能幸福。我见过不少在事业上非常优秀的朋友，却把自己的生活过得一团糟；也见到过普普通通的朋友，把自己的小日子过得有滋有味。

一切发生的事情，都是最好的安排。灾难来临时，没有人不恐惧，没有人不崩溃，只是你可以暂时倒下，但不能一直倒下。如果你自己站不起来，没有人能扶你起来；只要你自己不想倒下，也没人能让你趴下。巨大的灾难降临，你接住了它，并且能够爬起来，它就会变成天赐的礼物；接不住，从此一蹶不振，那它就真的是灾难。

其实，灾难的背后隐藏着上天送给你的珍贵礼物，独一无二且弥足珍贵。

想一想，如果你在 17 岁遇到和我类似的灾难，你会被彻底打垮还是会越挫越勇？

驱散抑郁阴霾，回头看，轻舟已过万重山

危象复发一次，病情就比之前严重一些。第一次出现危象抢救后一年左右，我的身体才恢复到从前八成的状态，但接二连三的复发和抢救，让我的身体状态断崖式下降，就连在平地上走路，挪几步都喘得厉害，不得不坐轮椅出行。每一次抢救，都会使用大剂量激素类药物和抗生素，这需要至少大半年的时间才能被代谢，而抢救造成的创伤更是至少需要一年才能恢复。可 3 个月的时间，我复发了两次，两次都被急救中心拖去抢救，这对我本就虚弱不堪的身体而言无疑是雪上加霜，我的生活也不能自理了。

那段时间的我每天郁郁寡欢，没有精神，食欲和味觉减退，对任何事情都提不起兴致，不出门，不说话，也不碰手机，3 年没打开过微信朋友圈。我甚至不想洗脸，不想洗头，不想洗澡，有时候在一个地方可以坐半天，浑浑噩噩、昏昏沉沉，看着日出日落熬过每一天。晚上睡不着，更是难熬。不知不觉间，抑郁便悄无声息地找上了我。

"不要帮我，我自己来"

刚开始，我还能扶着桌椅在家里慢慢走几步，渐渐地，连

挪动都费劲了，严重时完全不能动，移动一下就喘得厉害，上气不接下气，腰直不起来，晚上也不能平躺着睡觉，一平躺下来嘴里就会有唾液，而我又没有力气吐出来，很容易被呛而引起窒息。

有很长一段时间，晚上我都坐在床上，妈妈把很多被子垒起来让我靠着，就这样靠一夜。幸运的话，我斜坐着靠在床上，实在太困了可能睡着半小时，然后又因为疼痛醒来。坐久了，我的腰和臀部会很痛，大腿发麻。整夜无法入睡，身体得不到恢复，即使一个正常人也会崩溃，何况我是特别需要休息的病人。

除了失眠和病痛，更让我崩溃的是我从此开始了没有尊严的生活。我没有办法给自己穿衣，不能自己去卫生间，不能自己刷牙，不能自己洗头，连梳头发都抬不起手，我一气之下把飘逸及腰的长发剪成了无须打理的短发。

在床上瘫了几个月，我只能靠鼻饲打流食勉强活着，每一天都期盼着新的一天到来时身体能好一点儿，可每一天都在失望中结束。不知不觉，我的抑郁状态慢慢从轻度发展成了中度。

我知道，自己不能再这样下去了，否则后果不堪设想。在一个又一个不能入睡的夜晚，我一次次对自己发出灵魂拷问：难道这辈子就这样不说话、不出门、不社交？就这样把生活过得毫无意义？你心中的那些梦想去哪儿了？不是说好不忘初心？不是要做女儿的榜样吗？

我听到自己的内心有很坚定的声音在说：不，这绝对不是我想要过的日子，不能再这样一蹶不振，我再也无法接受眼前这样苟且的生活，从第二天太阳升起的那一刻开始，我要一点一点做出改变。然后，我用笔写了八个字给家人看：不要帮我，我自己来。

我从穿衣服开始做起。妈妈找来一些穿起来方便的开衫，但我胳膊无力，抬不起来，怎么也穿不进袖筒里，手指也不能正常伸展，指头蜷缩在一起，只能一点一点地去拉扯衣服，即使如此艰难，我也绝不允许家人帮忙，如果自己穿不好，就坐在床上一直穿，直到穿上为止。刚开始，穿一件衣服至少要1小时，每次穿完衣服我都满身大汗。我咬着牙刻意练习，过了一周，可以40分钟穿一件了；再过一周，可以20分钟穿一件；练着练着，我逐渐可以自己穿全套衣服了。

对我来说，洗脸刷牙也是极难的事。我需要先扶着东西一步步挪到卫生间，坐在板凳上，一开始手臂连拿牙刷的力气也没有，一拿就掉下来，我就把胳膊肘撑在洗脸台上，一点一点刷牙。洗脸的毛巾拧不干，我就用水冲一下，等它自然晾干。但是，不管多难，我就是不许任何人帮忙。

每天，我花得最多的时间就是坐在客厅的沙发上，那是我觉得最舒服的位置。家人在沙发两侧和头部位置放上抱枕，留下可以容纳身体的空间，让我的身体可以被固定。因为颈椎没有力气，我的脑袋像个拨浪鼓一样晃来晃去，同样需要固定。由于挪动一次身体消耗很大，所以每次坐下来都会坐好几小时，一动不动保持平静是保存力气的最好方法。时间长了，结实的皮沙发被我坐出了一个大的凹陷，看来只要功夫深，沙发也能压个坑。

经过近一年的强制训练，我结束了生活无法自理的日子，在自救、自我调节和家人的默默支持下，一步步走出了抑郁绝境。我知道，我是母亲的精神支柱，她也是让我活下去的力量，如果有一天我活不下去了，对她会是致命的打击，所以我要坚定地活下去，哪怕女儿是瘫痪的、卧床不起的，母亲的精神也不会垮掉。而我的女儿也是我在绝望时看到的一束光，随着她的成长轨迹，我自己又成长了一遍。先生默默的支持，让我内心踏实且温暖，没有后顾之忧。

可以说，无条件的爱、关心、理解、包容和温暖，是我抵抗抑郁的最佳药物。如果你能真正明白这个世界对你来说什么是最重要的，你就能自己想明白，未来的一切都是不确定的，唯一确定的是亲人给你的温暖和力量。

如何走出抑郁

如果，你感觉自己像陷入了一潭无边无际的沼泽地，越陷越深且无法抽身，如果你感觉生活充满了绝望的气息，脑中常常飘过离开这个世界的念头，那就需要做调整了。

现在的我，内心虽强大了一些，但因经历过那地狱般的磨炼，深知走出来有多难，可再难我们也得往前走。既然我可以走出抑郁，相信你也一定可以战胜困难，从绝望中找到希望，找到适合自己的方法，走向那个积极向上的世界，享受更美好的生活。

沟通让我放下了心理负担。这个沟通很宽泛，可以和你信任的人倾诉、聊天、吐槽，甚至聊八卦都可以，要学会找到适合自己的方法表达自己的感受。你也可以多参加一些积极有趣的活动，多与性格开朗、积极阳光的人在一起，你会被他们的热情和乐观感染。相信我，说出来之后，你会舒服很多。

音乐能让我快速放松下来。音乐能给人带来愉悦感，也可以缓解焦虑不安的情绪。你可以根据自己的爱好、欣赏能力、心境等选择适合自己的音乐。

电影让我看到了一个精彩的世界。一部好的电影，不仅能将人带入一个精彩的世界，也会给人启发。我抑郁的时候，常看一些励志电影，这也给我带来了些许的勇气和力量。

动起来，焦虑就少了，内心也没那么压抑了。运动，可以产生多巴胺。多巴胺被称为神经递质，不仅可以使人产生快感，还有助于调节注意力、增强记忆力、减缓焦虑、改善睡眠、增强体质。有研究表明，跑步分泌的多巴胺仅次于谈恋爱。我真的很羡慕那些可以跑马拉松的朋友，听说跑完会很上瘾，如果身体允许，我一定会去挑战一下。

总而言之，**好心情是走出阴霾的关键**。我还有一个拥有好心情的小秘招，那就是晒太阳，这一招让我的身体越来越健康。有研究表明，晒太阳让人开心，是因为它可以刺激身体的血清素分泌，从而激发愉悦的心情体验。你可以多走进大自然，哪怕只是上下班路过公园，在里面走一走，心情也会好很多。

亲爱的朋友，你以为自己正面临的绝望，可能在别人看来只是一点儿困难或坎坷，要知道这个世界上有人比你更不幸、更绝望、生活得更艰难，但他们中很多人也没有放弃。没有人可以一直顺风顺水地度过一生，总会遇到大大小小的挫折和磨难。要学会在困难中成长，不抱怨、不自责、不逃避，提升解决问题的能力，让自己更有勇气继续追求美好的生活。

想一想，在人生一帆风顺时，哪件事情曾把你击垮？

爱自己，有坦然面对一切的勇气

那段生活不能自理的日子，深深地烙在我人生中，现在回想起来依旧无比煎熬，难以想象当时的自己是如何挺过来、爬起来，一步步挣扎着走出泥潭的。

我也曾经讨厌自己

我小时候很喜欢运动，运动会上总能见到我的身影，50 米跑、100 米跑、4×100 米接力跑、跳远、跳高都是我必参加的项目。体育老师会挑选一部分运动能力比较强的同学，每天早上跟着她去人民广场早锻炼，其中就有我。

寒冬腊月的清晨，天不亮就得在广场训练，做完拉伸，围着 400 米的操场跑几圈，再去训练其他项目。可以想象当时的我体力有多好，换作现在，别说清晨空腹运动一两小时，有一次周一堵车来不及吃早餐，空腹开早例会，例会开到一半我就昏倒了。

重症肌无力不仅摧毁了我强健的身体，也让我的生活发生了翻天覆地的变化。之前，在学校站在台上主持节目的人是我，合唱比赛是我领唱，代表学校参加市舞蹈比赛的仍然有我，而现在，我变成了坐在台下默默无闻的观众，曾经拥有的那些光环早已烟消云散，所有的高光时刻都黯然失色。巨大的心理落差让我如同从高峰跌入谷底，过了很长一段时间我才得以释怀。

那个阶段，我讨厌重症肌无力让我失去了甜美的笑容，憎恨它夺走我说话和唱歌的自由，它不仅让我不能再运动，还摧毁了我的容颜。躺在病床上如同瘫痪的我，被病魔折磨得面目全非：骨瘦如柴，没有了白皙的肤色；眼睛黯淡无光，没有了精气神；脸和牙齿也开始变形，面部僵硬毫无表情，丑到自己不愿照镜子，不想踏出家门半步，不愿意和人交往，不愿见熟悉的人，也不敢面对别人异样的眼神……

《被讨厌的勇气》一书中写道："不畏惧被人讨厌而是勇往直前，不随波逐流而是激流勇进，这才是对人而言的自由。"

讨厌没有任何力量，也带不来任何能量，我只好学着与自己和解，尝试接纳自己的不完美，学会欣赏自己，减少容貌在自我价值评估中所占的比重。比方说，我会问自己一些问题：谁定义的颜值标准？你为什么不能遵从自己的内心？抛开容貌，你还有哪些价值没有被看见？你更愿意充实内心，还是徒有其表？矫正美白后的漂亮牙齿重要，还是原装的不那么美却能吃饭的牙重要？想明白这一系列问题之后，我就逐渐与容貌和表情和解了，也不再为此感到焦虑，就像歌里唱的那样："我就是我，是颜色不一样的烟火。"

同时，我也会试着增加生活中其他事项的比重。在评价自己或别人的价值时，把注意力放在更深层次的因素上：你的理想，你的事业，你的家庭，你的热爱，你去登山，你去做志愿者，你去做公益，都会让你产生价值感和成就感，你也自然而然不会再有那么多焦虑。

你要知道，我们永远没办法做到让每个人都喜欢自己，但当你在修炼自我的过程中慢慢建立起完善的自我评价体系时，就不会再被外界的看法所裹挟，也会发现自己没有那么在意外在的东西了。由内而外散发出的强大人格魅力才是无与伦比的。

一辈子的好"好闺蜜"

作家梁晓声曾说过："不懂得适时放弃的人，其实是没有活明白的人。"在很长一段时间里，我一直在与重症肌无力对抗，一度把它视为"敌人"。

因为它的存在，我不能说话、不能吞咽、不能闭眼、不能微笑、不能咀嚼、不能平躺着睡觉、不能运动，甚至手指都伸不开，有一段时间，我要靠轮椅出行，全身每一个部位都没有力气……我想，世界上怎么会有这么折磨人的病，还得纠缠我一辈子，我与疾病一直在打架，互相想"灭"了对方。

时间长了，我慢慢意识到，对抗并不是一个好方法。试着换一种平和的方式和它相处，我发现了一个规律：如果我情绪不佳，心情低落，状态不好，它便会乘人之危，发作得更厉害；如果我很放松，心情很好，很愉悦，它就会比较收敛。

既然如此，与其与它对抗，我倒不如放平心态，慢慢接受它，尊重它，包容它，与它和平相处，还能让身体朝着好的方向发展。慢慢地，我学着把它当作我的闺蜜看待，如果第二天有事情要忙，我会提前和它商量："我保持好一点的心情，不过度消耗自己，好好吃饭，好好睡觉，然后你也安分一点儿好吗？"如果接下来的一段时间比较清闲，我也会对它说："接下来的几天我会休息，你可以稍微张狂一点儿"。

每天，我都会倾听身体发出的声音，状态也和从前大不一样了，我与疾病真的处成了"闺蜜"，共同协作让身体达到最好的状态。而且，在相处 20 年后，我现在非常感谢它 20 年来对我的历练，因为它时刻的敲打让我时时保持清醒，让我知道自己是谁，该成为谁，什么是最重要的，可以按照自己的意愿去活。

其实，在一生中，我们不可能把所有好东西都据为己有，能获得的只是其中某种而已。所以，要学会与自己和平相处，学会接纳自己的不完美，学会和一切的对抗和解，这也是人生的一堂必修课。你也要与自己对话，适时提醒自己调整人生方向，要经常问自己要什么，要多少才足够，这样压力可能会相对变小一些。

试试看，换种心态，换种活法，你也可以把"敌人"相处成"闺蜜"，人生会变得更美好。

爱自己，没商量

除了与自己和解，接纳自己，我们还要在很短暂的人生里，好好爱自己。我们会对家人关怀备至，会对恋人百依百顺，会对孩子宠爱有加，却常常忽略了爱自己。我做了妈妈之后对此深有体会。带孩子出去玩，给孩子报兴趣班，给孩子买玩具和图书，眼睛都不眨，却很少给自己买几件像样的衣服、鞋子、包，想给自己报个舞蹈班，想想算了，自己在家练吧，省下的钱还能给孩子多报一个兴趣班。

绘画讲究留白，音乐需要休止符，我们的心灵也需要好好爱护。这并不是一件自私的事情，也不是一件很奢侈的事情，因为只有与自己有更深度的连接，才有余力爱别人，才更容易发现这个世界的美好。

我们怎样才能好好爱自己呢？

爱自己的前提，是多关注自己。你要感受自己的身体，不要过度透支，避免不必要的熬夜，保证睡眠充足，好好吃饭，坚持运动；要感受自己不同的情绪，愤怒就发泄，伤心就哭，开心就笑。

爱自己，也包括爱上自己的不完美。缺点也可能成为你最大的特点。谁都想追求人生完美，但人生注定不会完美。每个家庭各有各的难处，每颗心各有各的烦恼，每个人各有各的生活方式，所以不用想着和谁比，你有你高级的追求，我有我平凡的快乐，没有必要盯着别人的生活，自怨自艾。更不要看着别人的幸福，迷失自己。把心思放在别人身上，只会忽略自己。过好自己的生活，才是最重要的。

稳固的关系联盟，会给你更多爱自己的力量。人不是独立存在的，你的喜怒哀乐需要和别人分享、向别人倾诉，如果能把和家人、朋友、同事、领导的关系处理好，他们就会成为你的"联盟"，互惠互利，互相支持，让爱流动起来。

生活有坎坷、有困苦、有磨难，我们要对自己多一点儿温柔，少一点儿苛责；多一点儿包容，少一点儿抱怨；多一点儿赞美，少一点儿贬低。你要相信，所有的不期而遇都在路上，一切都会更好。

想一想，在生活中，你都在用哪些方式好好爱着自己？

意志力会带你杀出重围

如果要问我是怎么走过人生不同阶段的低谷的？我想，应该是强大的意志力，它让我有了战胜病魔、坚定不移的信念，让我在无数次病痛摧残下依然笑对生活，让我经历了无尽黑暗后依然能发现世间的美好。意志力，带我一次次杀出重围。

游泳磨炼了我的意志力

意志力，是一个很虚幻的东西，看不见也摸不着，却有强大到足以改变命运的力量，特别是在你遭遇重大困境时。正如心理学家罗伊斯所说："从某种意义上说，意志力通常是指我们全部的精神生活，而正是这种精神生活在引导着我们行为的方方面面。"

"80后"的一代，大多是独生子女，饭来张口，衣来伸手，没吃过太大的苦头。在我记忆里，吃苦的事有两件：一是游泳把整个后背晒脱皮，回忆起来至今都觉得隐隐作痛；二是寒冬早起跟体育老师训练。别小看这两项运动，它们在潜移默化中磨炼了我的意志力，这可能是我后来在遇到人生灾难时，没有被击垮，还能站起来的原因之一。

在这里，我主要讲一下游泳的故事。初中暑假的时候，我们市第一家室外游泳馆开业了，这无疑是一个令人兴奋的消息，我第一时间嚷嚷着要去游泳。妈妈也觉得游泳可以让我的暑假过得充实一些，也免得老是跑着玩或一直看电视，还能强健体魄，就说可以给我办一张月卡，但有两个前提：一是无人接送，我得自己想办法去游泳馆；二是买了月卡必须坚持每天去游泳。一心想去泳池玩的我，想都没想就满口答应了。

一张月票60元，可以用30天，意味着无论气温多高，我都要坚持每天去。一想到整整一个月自己都要一个人去游泳还是觉得有点孤单，我就动员身边的小伙伴一起去。没想到，游了3天，有两个小伙伴感觉又累又热，一点儿都不好玩，不去了；5 天后，所有的小伙伴都放弃了，只剩下我一个人。

说实话，我的内心也有过动摇，我也想在家吹着风扇吃冰棍，可答应妈妈的事必须做到。每天下午 3 点，我咬牙下定决心独自一人去游泳。踏出门的那一刻，太阳就像一团火，包裹着我，水泥地就像一个大蒸笼。我踏着热浪，走到公交站台就已经全身湿透。而且，那是一个露天游泳池，下午 3 点的太阳火力十足，我就这样没有任何遮挡地在水里晒了三天，皮肤由红色变成了黑色，后背清晰地呈现了一个泳衣形状的痕迹，我那时缺乏防晒意识，也没有防晒品，就那么裸晒，于是亲自感受了皮肤晒到一层层蜕皮是一种怎样火辣热烈的体验，结果就是那一个多月里，后背碰都不能碰，晚上要趴着才能睡着。

现在想想，年轻真是有股子猛劲，不怕晒黑、不怕热、不怕疼，不仅不娇气，也没放弃，上午学习，下午游泳。我自学游泳半个月左右，成功学会了蛙泳；第 3 周，我就完全如鱼得水，可以在泳池里连续游好几个来回。很多阿姨看到我后，都竖起大拇指，夸赞我游得真好，我还在泳池开起了"免费培训班"。

此时的我早已把背部灼伤的疼痛和辛苦抛到九霄云外，收获的喜悦感和成就感让一切都变得值得。一通百通，我在学会蛙泳之后，仰泳、自由泳、蝶泳在一次次瞎扑腾下都学会了。

游泳虽然是一件很小的事情，却锻炼了我的意志力，让我学会迎难而上，坚持到底，不轻易放弃，特别是不会因为他人放弃而改变自己的决定。

在死亡面前，我的意志力大爆发

在没有遇到事情之前，我没有仔细思考过"意志力"这三个字，也没有觉得它有多么重要，可能真的在灾难降临时，人的潜能会被无限激发，我储存的能量全部派上用场。

记得在经历过一次死亡之后，我休养了一段时间，感觉身体有所恢复，当时女儿也大一些了，我那颗不安分的心再次躁动起来。我一直认为，女性要有自己的事业，要独立，才能活得更加从容和自信。

我又继续工作了，还是一如既往地敬业，加班是家常便饭。熬了一段时间后，我明显感觉身体各方面机能在直线下降。有一天，我难得没有加班，拖着疲乏的身子回了家。刚进门，不到两岁的女儿踉踉跄跄地朝我跑过来，扑到我怀里，我居然抵挡不住她微小的力量，砰的一下后脑着地，倒了下去。女儿趴在我身上，我的脑袋嗡嗡作响，眼冒金星，看着天花板天旋地转。

我对自己身体发出的信号有所了解，感觉到了情况不对，便和妈妈就近去社区医院看了一下。只有两位医生在值班，我选择了一位年长的，看上去经验丰富些。我对医生说了自己的病史，他很自信地说："我知道的。"听到这句话后，我那颗悬着的心放了下来。

医生开了一堆单子，妈妈交钱取药，护士给我输液，10多分钟，我就感觉心脏不太舒服。输液速度调慢后，我依然心慌，心跳剧烈，身体开始出汗。我用手捂住胸口，身体从椅子上滑到地上，舌头开始僵硬，嘴巴也张不开了，身体蜷缩在一起开始颤抖。

妈妈坐在旁边手足无措，我用抖动得厉害的手在口袋里一顿乱抓，颤颤巍巍掏出手机，按下120交给母亲，便栽倒在地，因为趴着是我自救的最佳姿势。

等救护车的那段时间，我的症状还在加剧，身体蜷缩在地上一直颤抖，呼吸急促，喘不上来气，舌头发硬，嘴巴在一点儿一点儿闭合。我很害怕嘴巴一旦闭上后没有办法呼吸，就把手指伸进嘴里咬着，这样就算鼻子被液体堵住，嘴巴还能出气。

那个时间正值下班高峰，救护车遇到堵车。不知道等了多久，我迷迷糊糊地被一群穿白大褂的人抬上救护车。这时，原本内向害羞的女儿突然大声地喊："妈妈！妈妈！"在一声声呼喊中，我感受到了她的恐惧和担心，好像妈妈要彻底离开她一样。我突然清醒过来，多么想回头看一眼女儿，告诉她妈妈没事，很快就能回来。可是，我连抬起头看她一眼的力气都没有。救护车的门关上了，车子缓缓开走，我依然隐约听见后面传来"妈妈，妈妈，妈妈……"的呼喊声。

一边是小小的女儿追着救护车喊妈妈，一边是白发苍苍的母亲推着我的担架床帮我找医院，我的心在一点儿一点儿被撕碎。

12月的南方，天下着雨，阴冷阴冷的，我身上没有盖衣物，冷得缩成一团。药物作用加上寒冷，我的身体颤抖得更加厉害，整个担架都在跟着一起晃动。就在被抬下车送往抢救室门口的时候，值班医生拦住了我们的去路，说抢救室没有床位，让我们去其他医院，一边说还一边驱赶我们走。

以我当时的情况，如果去其他医院，可能在去医院的路上人就救不回来了。那时，送我来医院的那辆救护车已经把我放下后开走了，只剩下母亲、我和担架床在雨中。母亲和我的头发、衣服全都湿漉漉的。风雨中，寒气逼人，母亲一边哭一边苦苦哀求医生救命，可那位值班医生坚决回答：没有床位。

担架停在抢救室楼前，我趴在担架上绝望到极点，曾经战胜过死亡的我也开始失去信心，因为这一次情况特殊。首先，社区医生错用了重症肌无力的禁忌药物，这一条就足以致命；其次，危象反应异常急促且剧烈，救护车遇上堵车又耽误了时间；最后，好不容易赶到医院以为可以得救，却因为没有床位被拒之门外。三条致命因素加在一起，让我感觉自己这次真的凶多吉少了，我的意识也开始模糊。

不知道是命不该绝，还是老天爷舍不得我走，居然在昏迷后遇到好心人帮忙，给安排了床位，被抢救后保住了小命。这是我第二次接近死亡，让我刻骨铭心，以至于我现在只要一听到救护车的声音，就会不自觉打个寒战，目送救护车从眼前飞驰而过，也是给自己一个提醒。也正是这第二次抢救不及时，错过了最佳治疗时间，使后面几次复发危象更加严重，导致随后的 5 年中我 6 次与死神擦肩而过。

"天将降大任于斯人也，必先苦其心志，劳其筋骨，饿其体肤，空乏其身，行拂乱其所为，所以动心忍性，曾益其所不能。"原来，平时的一些小磨难、小挫折，都是为了磨炼我的意志力，到了关键时刻，内心的力量自然而然就会被激发出来。

意志力是可以一点儿一点儿培养的

意志力，不仅体现在心理层面，也是一种生理本能。没有人天生意志力薄弱，也没有人会一直意志力薄弱，只要找到正确的方法，提高意志力并不是什么难事。

亲爱的朋友，如果你觉得自己的意志力不是那么强，那么希望下面几条小方法能够给你些许启发，让你更好地增强意志力。

我会在一些小事上多花点儿心思，也会让自己坚持做好一件小事。

有时候，我刚开始做一件事时有无穷无尽的想法，感到兴奋，充满能量，但过了一段时间，就会感到无趣、痛苦或萎靡不振了。我刚上班的时候，为了节省房租，住得离公司非常远，每天路上来回通勤要三四个小时，刚开始觉得还好，但坚持了一段时间就觉得好累好烦，每天挤公交挤地铁，难有好心情。

后来，我想了一下，与其郁闷，不如把通勤时间充分利用起来，同样的路，同样的公交车站，同样的地铁站，试着找到每天不同的收获。比如，我今天跑步到公交站台，相当于锻炼了身体；明天在公交上背了20个单词；后天在地铁上读完了一份报纸。坚持做到早上通勤时间是学习时间，不刷手机。经过调整，我一下子觉得通勤时间过得好快，还有几篇文章没看完，地铁就到站了。

如果你每天的工作和学习是重复的，觉得有一些事情很磨人，很消耗精力，请不要立即放弃，可以试着每天在这件事情上比前一天多花一点儿心思，或许能发现很多乐趣。比如说，你可以挑战一下早起，给自己定个21天小目标，也可以挑战坚持一个月做某项运动，或者挑战一周读一本书，等等。

在坚持做事的过程中，很可能会感觉痛苦，坚持不下去，我的方法是让自己爱上它。

我刚开始接触游泳时也不是很喜欢，不会游，也没人教，就是自己瞎扑腾，而且天气炎热，路途遥远，去了几次就不想去了。但当我学会了并能教其他人时，我的内心是欢喜的，开始发自内心地想去游泳，即使每天顶着高温和烈日，也乐在其中，丝毫感觉不到热和累。

热爱，能让你在面对困难时不会轻易地放弃，让你能坚持做下去。真希望每个人都能找到自己的热爱，不管是兴趣上的喜欢，还是价值上的认可，都是可以的。比如，你从小就喜欢做饭，没有人指导就可以做得很好，那做饭就是你的天赋，你热爱烹饪；你喜欢画画，虽然没有系统地学习过专业知识，可就是画什么像什么，做别的事没有自信，一画画就信心满满，那么画画就是你的热爱；你热衷钓鱼，不管刮风下雨，不管遇到多大的困难，你都能坚持每周去钓鱼，坐在湖边几小时也不觉得无聊，反而很享受，那么钓鱼就是你的热爱。

可以先从自己喜欢的事、乐于做的事、热爱的事着手，这样比较容易坚持到底；然后再去挑战某件虽然你不是很愿意尝试，但想突破、想改变、想挑战的事情，坚持下去。

此外，适当的延迟满足，也可以提升意志力。

在 20 世纪 60 年代，美国斯坦福大学有一个著名的"棉花糖"实验。实验中，孩子们的面前摆满了棉花糖、饼干等各种零食，他们面临两个选择：一是可以立即吃棉花糖，但没有奖励；二是忍耐一下，等到研究人员回来再吃，这样他们可以额外获得一颗棉花糖作为奖励。

对于孩子们来说，他们必须用自己的意志力来战胜糖果的诱惑，克制自己想立即吃下棉花糖的欲望，等到研究人员回来兑现承诺，获得奖励。最后实验发现，那些为了奖励而努力忍耐的孩子，通常具有更好的人生表现，比如更好的学习成绩、在工作上取得更大的成就。

当你觉得自己坚持不下去的时候，再坚持一会儿，可能就坚持下来了，你的意志力也会在一点一滴的小事中变强大。

想一想，你觉得比较难坚持而又想去尝试突破的是哪一件事？可以试着去挑战一下吗？

难走的路是上坡路，挫折是人生的存折

从 2015 年到 2019 年，5 年内我 6 次直面死亡，每一次都惊险万分，每一次都记忆犹新。让我印象深刻的是，我带着孩子来北京的那年冬天，我的病又复发了，那是我第一次在北京住进 ICU，人生又增加了一份新的体验。

每一次挫折都是人生的财富

对我来说，冬天是比较难熬的季节，一来天气寒冷，手脚就会不利索，容易有无力感；二来冬天是感冒高发季节，室内不通风易传染，感冒简直就是我的"头号天敌"，几乎每一次复发危象都是由感冒发烧引起的。

这一次，感冒直接影响了我的呼吸和吞咽，这两条就很要命。本就言语不清的我，一旦感冒连声音都发不出来，我的情况不好却又说不出话、叫不了人，这时看到床边的水杯，满怀期待地把沉重的身体朝着杯子的方向挪去，但手没有力气，不能把杯子举起来砸下去，我便用手臂猛地一推，哐的一声，杯子碎了。家人闻声赶来，看到我情况危急，赶紧拨打了 120。

那是在清晨，不堵车，救护车很快到楼下了。医护人员说："翻个身，你先平躺下再抬上担架。"我摆了摆手，家人说她不能动，羽绒服也穿不了。没辙了，大家就用绳子把我和被子捆在一起抬上了救护车，风驰电掣地驶向医院。

到了医院，我被推进了重症抢救室。众所周知，这里收治

的一定是最重症、最急迫需要抢救的病人，有因车祸断胳膊断腿的，有烧得面目全非的，有各种意外造成的惨烈到不忍直视的，好像只有我看起来没有外伤，貌似不那么严重，忙碌的医生们就先去抢救看上去更严重一些的病人。

我从凌晨 5 点被抬上救护车，直到下午两三点，一直保持趴着的姿势，一动不动。我微弱地喘着气，早已感觉不到身体的麻木，在和生命极限的拉扯中，大脑缺氧得厉害，眼前一片漆黑，不时出现幻觉，人也开始瑟瑟发抖，浑身出汗，意识逐渐变得模糊，感觉自己接近油尽灯枯了。

恍惚间，我那颤抖的手触碰到床边一个硬硬的东西，发现是一支笔，但手已经伸不开了，只好用蜷缩的指头夹着笔碰床边的铁护栏。人来人往，依旧没人注意到我。

我感觉旁边有人影要过来，就继续碰栏杆发出一点声响，累了没劲了就休息一会儿。就在绝望的边缘时，我的耳边响起一个声音："怎么了？"我用发抖的手指了指笔，过了一会儿，医生递过来一张纸，我视线模糊，用颤巍巍的手写了两个字："救命！"笔便从我手中滑落，我再也没有一丝力气了。

医生听了我的心跳，一边跑一边大声喊："上监护，抢救。"哗啦啦，我听见一帮人朝我这边围过来，在气氛紧张的抢救中，我好几次昏死过去。

医生说来不及打麻药了，直接插管。这一次，我醒了，靠意念垂死挣扎。4 位医生分别按住了我的腿和脚，开始强行插管，我躺在病床上，余光看到床边围满了"白大褂"，感受到一双双手在我身上忙碌着，那一刻我感觉自己像一只被捕获的动物，被人无情地撕扯着。

没想到，全身无力、奄奄一息的我在医生插管时竟然用力挣扎，那应该是人的本能。我不知道他们在做什么，只感觉有一根很长很长的管子从我的嘴里一直插到肺部，不单单是疼痛、撕裂、窒息的感觉，那种感受很复杂、很魔幻、很恐怖，和做肌电图一样，像一种酷刑，我几度以为自己要死去了，可偏偏还能感受到痛苦。

我不知道过了多久才醒，只记得是护士拍打着把我喊醒了。我的四肢被捆绑在床头，全身的衣服被汗湿透，被单也被我的汗水浸湿。

很难想象，一个意识相对清醒的人，在不打麻药的情况下，上呼吸机的过程是多么残忍和痛苦。写到这一段，我的手不自觉地微微颤抖起来。我也真佩服自己，又一次大难不死，逃过了一劫。

我躺在重症抢救室的病床上，真真切切感受到"一阴一阳之谓道"和后怕，在刚才的垂死挣扎中，床单竟被我无力的手指戳穿，我不知道该怎么形容在里面的感觉。在我被抢救过来不久，与我隔了几个床位的病人就被宣布死亡了，每一次大门打开都寒气逼人，一部分人前往太平间，一部分人留在人世间。

护士后来告诉我说，她们都挺佩服我的："都那样了，这几天居然一声不吭，插管的时候还没打麻药。插管的时候，监测仪有一阵显示你的心跳停止了，我们的后背一直在出汗，你的命真的挺硬的。"

在重症抢救室的 3 天 2 夜，我没有睡着过一分钟：一是身体难受得根本无法合眼，即使插上了呼吸机，我的双手双脚还被绑着，丝毫动不了，医生担心我会因为难受拔掉管子，捆绑是对我的一种保护，可这种保护让人难以忍受；二是重症抢救室 24 小时都"热闹非凡"，一会儿抢救室的门开了，进来一个车祸重伤的，一会儿抢救室的门开了，拖走一个不行的……重症抢救室和重症监护室是通往太平间的最后一道关口，如果能从里面出来，那就重回人世间，如果出不来，那就进入另一个世界。

3 天后，我被转到了 ICU，那里是无菌病房，相对于重症抢救室要安全一些，但日子一样难熬，好在每天可以有一二十分钟的家人探望时间。起初我不能动弹，只能通过电视投影看到站在窗外的家人，不能说话，护士会把电话机拿到我耳边让我听家人的声音。母亲还给我带来了女儿给我写的信，给了我无穷无尽的力量。

回想这几次与死神交手的经历，坦白讲，第一次和死亡正面交锋时，真的不知道自己能不能挺过去，完全不了解对方的实力，自然对自己没有信心。第二次时，我吸取了第一次的经验，信心值增加了 10%，胜利的希望又多了一些。到了第三次，我的信心值就有了 30%，畏惧感在一点点减少，依旧押自己赢。第四次、第五次、第六次，我的信心值和对抗挫折的能力也在增强，但，"敌人"势力强大，每一次依旧让我惶恐、胆战心惊，我依然不敢轻敌。我的生命力就这样在这一次次奄奄一息中变得越来越旺盛。

人生难走的路才是上坡路，挫折就是人生的存折，每存一笔都是未来的财富。

提升抗挫力，也要增强心理免疫力

每感冒发烧一次，我的免疫力就会有不同程度的增强。平时，我会锻炼身体，增强身体免疫力，但往往忽视了增强心理免疫力。其实，要想提升心理免疫力，抗挫力是一个绕不过去的话题，我比较认同《逆商》这本书中提到的提升抗挫力的4个维度，即掌控感、担当力、影响度和持续性。

掌控感，是指发生一件事情之后，你觉得自己可以掌控这件事情，觉得这件事情自己能够做好。当你有了掌控感，就不会被困难吓倒，反而更愿意去挑战自己。如果你遇到困难的第一反应是没办法、无助、"气死了"，就说明你的掌控感不足，抗挫力也比较弱。

担当力，反映了你愿不愿意承担困难、挫折带来的后果。比如，你想创业，了解了一些情况后就开始了，没想到失败了。针对这种情况，你是逃避还是勇敢面对并分析原因？如果你愿意承担后果，说明你的抗挫力很强；如果你选择逃避，就说明你的抗挫力很低。

影响度，反映了你能不能有效控制逆境带来的负面影响的范围，也就是怎么看待逆境带来的负面影响，是无限放大，还是以平常心对待。如果你放大它，就会更没有勇气和信心去面对困难。抗挫力强的人会把逆境的影响范围控制在当前事件上，不会放大它而给生活徒增压力。

持续性，就是你认为逆境会持续多久。有些人干了一件丢脸的事情，就认为这辈子都抬不起头来了，感觉这辈子都要被人戳脊梁骨，这就是抗挫力弱的表现。

说白了，要想提升抗挫力，提升心理免疫力，可以从这4个维度入手。具体做法很简单，我常用的是以下这3个方法。

第一，"面对"是克服恐惧的有效方法。要想提高一个人对挫折的承受能力，最好的方法是直接面对，也就是说，你越害怕什么，就去面对什么。刚开始的时候，你会有点儿痛苦，次数多了也就能从容应对了，慢慢适应了，你就会有能力解决更多问题，心理也会慢慢强大起来。

第二，辩证地看待问题。古人云："祸兮福所倚，福兮祸所伏。"一件坏事发生，我不会一直想着不利的一面，而是转变思维，尝试去思考这件事积极的一面，因为即使看起来糟糕透顶的倒霉事，也一定能找到于己有利的一面。

就像我生病，于我的确算是灭顶之灾，但我也能找到它给我带来的好处，比如它让我学会了倾听，有了更多思考的时间；让我有了更多与自己独处的时间，让我更加了解自己；也让我更加珍惜眼前，活在当下。

第三，不要把困难放大，这样，你的受害者心态会减弱很多。当你遇到痛苦或困难时，可以尝试用数学的"缩放法"。你觉得自己很难，想一想我们处在和平年代，而其他国家还有人处在战乱中，随时可能丢掉性命。这样一想，是不是你的那一点难处就显得微不足道了？

每当遇到一些大的艰难困苦、过不去的坎儿的时候，我就去看大海。深不见底的大海埋藏了无尽的秘密和宝物，对所有的东西都毫无怨言地一一接纳，那么包容、宽厚、丰富。而人类所有美好的、丑陋的、智慧的、愚昧的，最终都将归还给大自然。每次看着无边无际的大海，我都感觉到自己的渺小，心胸顿时开阔起来，那些困扰我的麻烦也显得微不足道。

无论遇到多大的困难、多大的挫折，只要你自己不倒下，就没有人可以打倒你。如果你自己倒下起不来，那也没有人能把你扶起来。你要有一股力量，一股可以揪着自己的头发把自己从地上拽起来的力量。正如尼采所说，"那些杀不死我的，终将让我更强大。"

想一想，到目前为止，你遇到过对你打击最大的事是什么？你花了多长时间让自己重新振作起来？

握一手烂牌，也要打得漂亮

在赤壁之战中，曹操拥兵 20 万之众，对付孙刘区区 5 万联军似乎不成问题，但曹操根本没把北方人不利水战的短板当回事，不但中计误杀了荆州水军将领，还把所有战船用铁链绑在一起，不利水战的短板变成了死板，被孙刘联军一把火烧了个底朝天。这就是手握一手好牌，却打出了一手烂牌的典型故事。

在现实生活中，也不乏这样的例子。但是，你要知道，手握一手好牌，把它打好是本分；如果手握一手烂牌，还能打得好，那就是本事了。

"人生如戏，戏如人生"

在心理学中，经常会提到"多米诺骨牌效应"，就是在一个相互联系的系统中，一个很小的初始能量可能产生一系列的连锁反应。这让我想到，如果我们习惯将事情"灾难化"，认为不好的事情会接二连三地发生，那么结果就会朝着不好的方向继续发展，这也会让我们陷入自我怀疑，在郁闷和懊悔中思想也会更加混乱，解决问题也会变得迟缓。

所以，当你遇到挫折或突发事件时，重要的一点是改变自己的想法，用积极正面的心态去面对，没准儿就会很快扭转局面，让事情转向另一个方向。

你可以这样想，人生如戏，戏如人生，每个人的人生都像一个剧本，你不仅是整部剧的导演，也是演员，还是核心观众。也就是说，你的人生剧本的主导权掌握在你自己的手里，你想写出什么样的结局？

一般情况下，人生剧本的结局一种是"悲剧"，就是你明明握着一手好牌却打得不如人意；另一种是"喜剧"，即使摸到一手烂牌，也能打得漂漂亮亮，如身处灾难、疾病和痛苦中，依然幽默诙谐、笑对世界。

在我的人生剧本里，上演了一幕幕精彩好戏，大致的脉络是沿着"喜剧 – 悲剧 – 喜剧"来的。

17 岁生病前，我的剧本是一出当之无愧的喜剧，童年的生活虽有一些不愉快，但大部分时光回忆起来都是很美好的，也可能是我善于遗忘，不太会去记忆痛苦的事，而储存开心的事更久、更多了一些。

17 岁之后，从突然失声的那一刻起，我的人生剧情走向就发生了转变，一步步从欢乐的喜剧变得悲伤起来。到了被确诊为重症肌无力时，我的人生彻底跌入了谷底，上演了一段看不见光明的悲剧。让我惊喜的是，2020 年，我的故事登上了央视的舞台，并被各大主流媒体报道，我受到广大网友的关注，人生迎来了新的转折。

人生如戏，戏如人生。我们都是舞台上的过客，都要经历进场和散场，这是谁也改变不了的事实。愿每一个人都能全心投入，让自己活出喜剧人生！

悲剧也可以变喜剧

在把这部"剧"搬上电视屏幕后，没想到竟激励了很多朋友。镜头前轻描淡写的几句话，却是我花了近 20 年时间，把悲剧变成了喜剧，把一手"烂牌"打得漂亮的成果。

这个过程真的很曲折，但我始终有一个很坚定的信念：每个人的一生都不会一直幸运，也不会一直倒霉，只要自己不放弃，终究有一天能活出不一样的精彩！

说到活得精彩，首先，我让自己换了一个角度去思考问题。我很喜欢这样一个小故事。在一阵狂风中，一片还很青翠的树叶被无情地刮落，可怜地飘向地面。难道就这样过早地结束生命化为淤泥？树叶在飘落中痛苦地挣扎着、思考着、抗争着……它借助着风，努力飞舞，寻找延续生命的机会。终于，它停在一位少女的脚下，被捡起来，少女以欣赏、怜爱之心，将它制成了美丽的书签。树叶保全了生命的脉络，从此与文字相伴，和墨香相依，得以重生。

人生有多种活法，前进的道路也有很多条，当你遭遇困难或觉得前路难行的时候，不妨换位思考、换角度思考，角度变了，心态随之改变，心态一变，便可换一种活法。

其次，我遇事不会抱怨，而是朝着积极的方向去思考。比方说，我生病一段时间后，就这样想，"老天真看得起我，一定是觉得我的承受能力还不错，才给我这么大的灾难，我要把握住这个机会"。当我抱着积极的心态去面对事情时，不仅事半功倍，还能从中成长，不断修炼自己，超越自己。

前段时间，我们楼上的邻居家厨房漏水，水全部渗到了我家，地上的东西都被脏水浸泡，只能扔掉，干干净净的家瞬间一片狼藉。我刚换好衣服准备出门，结果出了这么一个状况，那一刻我有点儿生气，强迫自己冷静了几十秒，心想幸好还没出门，要是出去了晚上才回来，家里真要"水漫金山"了，后果不堪设想。瞬间，我的心里舒服多了，情绪也稳定下来，赶紧处理了现场。

如果我沉浸在负面情绪中走不出来，不仅不能改变家里被水淹的事实，还生一肚子气，卫生也打扫不了。但我改变了一下心态，调整到积极的一面，就快速解决了眼前的麻烦。

另外，我一直认为，生命没有不能承受之重，只要生命没有结束，一切就都还有转机。 在被确诊为重症肌无力后，很多医生说："像你这样症状重的，又是全身型的，很难回归正常生活，能生活自理就已经很不错了。"我心想："事在人为，奇迹本就是人创造的，我就不能创造奇迹吗？"我要试一试，没有试过怎么就知道不行呢？虽然身体肌肉无力，但我精神力量强大，仿佛有一股力量一直拽着我的头发，把我从地底下揪起来。正是这股强大的的生命力，让我一步步突破了生命的极限。

老天是公平的，不会把所有的美好都给你，也不会把所有最差的都给你。当你拿到好牌的时候不要骄傲，要知道其中的风险；当你拿到烂牌的时候不要气馁，在这里面也能挖出一些隐藏的宝藏。

想一想，你是自己人生这部剧本的导演，你接下来想要怎么设计它？

第二章

风吹不走一只蝴蝶，生命的力量源于自己

我的心是旷野的鸟，
在你的眼睛里找到了它的天空。

——泰戈尔

自立：把"玻璃心"磨成"钻石心"

对林黛玉的人物评价，众说纷纭，有人喜欢她的单纯率真，也有人觉得她过于多愁善感。有一点毋庸置疑，她有一颗典型的"玻璃心"，常常闷闷不乐，暗自垂泪。

顾名思义，"玻璃心"就是心像玻璃一样容易碎，形容一个人有着敏感脆弱的心理状态，经不起批评、指责或嘲讽，甚至承受不起一些玩笑话或打趣的话。此外，"玻璃心"不仅会让你多思多虑，内心极其敏感，总是揣测他人用意，经常处于消极的状态之中。这会给人际关系发展带来负面影响，甚至当一些好的机会摆在你面前时你也抓不住，进而丧失很多自我成长的机会。

未经磨炼的心是没有深度的

在亲戚朋友得知我患上重症肌无力后，很多"关心的声音"从四面八方而来，其中就有关于我的未来规划的声音，比如不要想着高考了，不要想工作的事了，不要想着像正常人一样过日子了，生活能自理就很不错了……我从每个人的眼神里、声音里，很强烈地感觉到，我这一生没有什么指望了。

每当我听到这些声音时，心里就有一股莫名的酸楚和委屈，为什么好好的生活变得一团糟，未来也变得黑暗无比了？为什么大家都在给我的未来下定论？他们了解我吗？他们知道我想过怎样的人生吗？但是，外界所有的压力和质疑并没有打击到我，反而化为一股强大的力量推动我往前走。我一门心思想着："你们都觉得我不行，我偏要好起来，继续上学、出去工作。"

复学后，我要带病去上学，并不快乐，也很不容易。身体不舒服是一方面，心理也发生了很大变化。休学后我降到下一个年级，要融入陌生的环境，同学们都是童言无忌，嘲笑、背后议论甚至排挤都很常见了。要是在以前，我一定会对这些很敏感、很在乎，觉得自己很脆弱，但是在外求医的3个多月，来回奔波在各大城市，让我更加清楚地知道了未来天地的宽广，未来一定要留在大城市，特别是要留在医疗资源丰富的城市，不然我这种罕见病就得不到很好的及时医治了。所以，我选择无视那些不好的声音，过好当下的每一天。

回想那段生活，我想起《杀死一只知更鸟》里的一段话："你永远也不可能真正了解一个人，除非你穿上他的鞋子走来走去，站在他的角度思考问题。可当你真正走过他走过的路时，你连路过都会觉得难过。有时候你看到的，并非事实真相。你所了解的，不过是浮在水面上的冰山一角。"

　　高考结束，我终于熬到去北京上大学，既兴奋又紧张。毕竟，第一次背井离乡独自生活。妈妈脸上写满了担忧，但还是尊重我的选择。相比高中，大学简直就是天堂，突然间自由了，大学老师除了上课都见不着面，同学好像也都各忙各的，没有多少人在意和关注我。我始终都没有放弃治好自己的念头，总盼望医学有新的突破。我一边上学一边求医，没有课的时候就坐着公交车去医院挂号看病，大学四年几乎看遍了北京所有能看的医院，几乎挂了和重症肌无力相关的所有专家的诊号。

　　上大学时，我的病情也不稳定。我印象很深刻，大三时我的身体状态明显变差了，加上北京的冬天很干燥，封闭的寝室通风不好，我晚上睡觉经常呼吸困难，喘不过气。我怕影响别人，不能睡的时候就半夜跑到楼道里独自蹲着，等好一点儿了就回去睡觉。就这样，我咬牙挺过了 4 年大学生活，顺利毕业。

　　可能，我在与病魔斗争的过程中，在独自一人远走他乡求学和求医的过程中，在不被善待、不被理解、不被认可中，那颗一碰就碎的"玻璃心"在一点儿一点儿地慢慢变坚强，这也让我意识到，未经磨炼的心是没有深度的。

　　岁月静好是片刻，一地鸡毛是日常。即使世界偶尔凉薄，内心也要繁花似锦，愿我们每个人的心都能变得有深度。

"玻璃心"也能磨成"钻石心"

　　我总是打趣说，经过生活的多次磨炼，经过一段时间的沉淀，自己的"玻璃心"都已经变成"钻石心"了，更能直面生活中的困难。

比方说，上高中的时候，有同学经常因为我说话不清楚开一些玩笑，我听到了心里也很不舒服，感觉是对自己的一种伤害。但是，我并没过分夸大这件事情，只是在心里想：同学们并不知情，开一些小玩笑也是可以理解的。他们的玩笑也并非有意伤害我，只是觉得我很特别。我不断给自己做类似的心理疏导，听到玩笑话时一笑而过，基本上不会让它们影响自己的心情与状态。

其实，说起来容易，做起来的确有些难度，但是我认为有两点很关键。

第一，别总是放不下面子。面子，是一把双刃剑，既会成为你变好的一种激励，也会成为你前进路上的阻碍。如果你仔细观察，会发现生活中优秀的人、成功的人大多都胆大心细，善于表达自己的想法和思维，想到就会去做，不会因别人的评价而畏首畏尾。

如果我一直"玻璃心"，过于看重面子，那么我可能不会重返校园，不会去北京上学，也不会结婚生子，经历死亡的时候更无法面对。所以，在没有达到你的目标、获得成功之前，请不要把面子看得太重，那只能让你做事畏首畏尾。

第二，把时间花在提升自己上更重要。我一直认为，时间花在哪里，就会在哪里得到回报，因此把美好的时光花在提高自己上，才是一件最有价值的事。比如，看一些有价值的书，提升自己的专业知识；看一些高评分的电影，充实自己的内心世界。

刚毕业那会儿，我在一家外贸公司工作，公司不大，老板是意大利人，暂且称呼他为 R，他是一名咖啡狂热爱好者。我们公司的保洁阿姨只在固定时间打扫办公室公共区域的卫生，R 的咖啡杯谁来洗呢？我是公司年龄最小的员工，又是新来的，自然而然这种"好事"就落在我头上。

刚开始，我对这件事情并没有太大的反感，刚来肯定要多吃亏，而且"吃亏是福"。但是，很长一段时间过去，每天早上迎接我的不是欢声笑语，而是一盆盆咖啡杯，有些是头天晚上他和朋友夜聊喝的咖啡，等我早上来时咖啡渍完全干了，抠都抠不掉。在寒冬腊月的早上，手被凉水冻得通红，我的心里也开始冒出一些不满的声音。

就这样，除日常工作照常做，我洗了大半年的咖啡杯，也开始怀疑自己的价值，寒窗苦读十几载，受过高等教育，还要受这份窝囊气，每一盆杯子都像一把尖刀插向我的胸口，好几次我都冲动地想把咖啡杯摔在桌子上不干了。

终于有一天，在连续加班后，R 又把满满的一盆咖啡杯放到了我的桌上，年轻气盛的我"蹭"的一下从座位上弹起来，对着 R 说："我的工作就是帮你洗咖啡杯吗？"他很不满地说："难道你让我去洗？"

就这么简简单单的一句话，透露出了太多的信息：原来他根本就不是考验我，也并没有对我额外的工作感到满意，而是他认为这是我应该做的，加班也是应该的，真是天下乌鸦一般黑。那一刻，我下定了决心，我可以洗，并且要高高兴兴地洗，但一定要洗到在这家公司学会所有知识和技能，然后带着满满的收获离开。

从那以后，我每天依旧洗咖啡杯，但是会哼着小曲儿洗。同时，我就像海绵拼命地吸水一样，努力学习，主动加班，加到能赶上地铁最后一班车的时间才走。不到一年时间，我就掌握了出口业务的整个流程，成了公司的业务骨干，并且独立代表公司去泉州工厂验货出货。

R不满足现状，想发展进口业务，只能摸着石头过河，我自学了整个进口流程，成功地把一批批货物从意大利进口到中国。离开那家公司时，我已经是进出口部门的经理了。

每个人都是独一无二的，放下虚荣心，放下面子，放下那些不必要的比较，多去关注自己的成长，让自己变得更有力量。 当你的生活被学习填满，当你真正忙碌起来，也就没有时间去伤春悲秋了。

想一想，你在职场中，遇到过最让你不舒服的人和事是什么？

自足：不内耗，不逃避，不畏难

很多朋友听到我有工作时很震惊——你还能工作？能清晰

表达的人找工作都难，你还能找到工作？并且是找到有技术含量的工作，得到老板的赏识？这一切，很难让人信服。

没错，因为表达不清晰，我找工作，特别是面试时困难重重，但我没有因此而产生情绪内耗，没有因为重症肌无力就窝在家里从此与世隔绝，更没有不见人、不接触社会。我一直坚信自己可以靠自己的能力很好地养活自己，在北京立足。

没有什么事值得自己内耗

大学毕业后，我开始找工作，对我来说最难通过的一关就是面试，我大多时候都会在第一轮的面试中因为说话不清楚而被刷掉，基本上没什么机会进入第二轮面试。

有一次我去面试，招聘主管当着我的面对旁边的同事说："连话都讲不清楚，还好意思来面试，有没有搞错。"还说了一些更难听的话。听到这些话时，我很难受，感觉脸上烧得滚烫，即便如此，我还是微笑着走了出去。

那些话一直在我耳边萦绕，我也不止一次两次被招聘主管为难，这些伤害都化作一股力量，激励我更加充分地准备每一次面试，更加自信从容地展示我与众不同的一面，更加不卑不亢地面对一次次刁难。

我始终觉得，逃避不是解决问题的办法，一旦纵容了自己的软弱，就很难再让内心强大起来。所以，我没有放弃，而是每天继续投简历，逼着自己去面试，一个月不行就两个月，两个月不行就三个月，三个月不行就半年，不断给自己加油打气，相信自己一定可以找到工作。

曾经在三个多月的时间里，我每天上午、下午不停地找工作，最多的时候一天跑三个地方面试。"世上无难事，只要肯攀登"，几个月的时间里我面试了无数家企业，终于迎来属于我的春天。我居然同时被几家公司录取，最后成功入职了一家进出口贸易公司，在北京黄金地段的中央商务区（CBD）写字楼里，成了一名所谓的"都市白领"。原来，人生没有白走的路，走过的每一步都算数。

学着给生活做减法

可能有一些朋友会问我，如何才能做到不气馁、即使听到刺耳的话也不内耗呢？古希腊的先贤曾说："干扰我们的，不是事物本身，而是我们对事物的看法。"所以，我们并非愿意沉浸在失败的负面情绪之中不出来，而是不知道该如何让自己走出来。

从我的经历来看，人的一生不只需要做加法，也应该做一些减法——减少一些浮躁，减少一些贪婪，减少一些懒惰，减少一些畏难心理，合理安排人生的进退取舍。

浮躁会让你变得不理智。心理学家莉莎·费德曼·巴瑞特说："情绪不是你对世界的反应，情绪是你自己构建的世界。"你可以给自己构建一个不浮躁的、平和的、安静的世界。我们要做的是，不被情绪牵着走，学着让自己浮躁的心慢慢沉静下来，遇到事情时能够冷静处理，学会三思而行、三思而言，在生活中保持淡定与从容。

贪婪会毁掉曾经建立的所有美好。《伊索寓言》中有这样一则故事，祖父教给孙子一种捕猎技巧：把木棍支起，再用绳子绑在木棍上，一根一根连起来，看上去像一只箱子，等野鸡受到撒下的玉米粒的诱惑，一路啄食而进入箱子时，只要一拉绳子就大功告成了。

这天，祖孙俩去林子里支好箱子藏起身不久，就有一群野鸡飞来，并有几只走进了陷阱。孙子正要拉绳子，可转念一想，外面那三只也会进去的，再等等吧。等了一会儿，非但那三只没进去，反而有一只从箱子里走了出来。

孙子后悔了，对自己说，只要再有一只野鸡走进箱子就拉绳子。但接着，又有一只野鸡走出了箱子。如果这时拉绳子，还能套住一只野鸡。可惜孙子对失去的好运不甘心，心想也许还会有野鸡要走进去，所以迟迟没有拉绳子。然而，等箱子里剩下的那只也走了出来，仍然没有其他野鸡再进箱子。最后，孙子一只野鸡也没有捕到。

所以，我们要学会知足常乐，顺其自然，不要太贪婪，别把得失看得太重。你看得越淡，心就越平静。

努力到无能为力，拼搏到感动自己，才能赢得精彩人生。没有懒惰，只有日复一日地坚持康复训练，身体肌肉才不会萎缩。生病之后，我不能做剧烈的运动，但我为了改变，决定从一些小的行动开始。从站起来到能扶着桌子走，再到慢慢独立行走，又从只能走两三步到走 10 步，再一点儿一点儿地增加强度。说话不清楚，我就用压舌板练习，压舌板都用断了好多根。

畏难只会让自己离成功越来越远。身处黑暗的时候，我经常看一些励志人物的故事，尤其是张海迪，她带给我强大的力量，让我看到了生活的曙光。张海迪小时候因患脊髓血管瘤导致高位截瘫。在残酷的命运挑战面前，她没有沮丧，没有沉沦，而是以顽强的毅力与疾病作斗争。现实很残酷，学校不收残障人，很长一段时间她都没有办法上学，但她没有放弃，而是选择自学，不仅学完了小学、中学的全部课程，还自学了大学英语、日语、德语等多国语言，并攻读了大学和硕士研究生的课程。

亲爱的朋友，生活就像一只蝴蝶，如果没有破茧的勇气，就不会有飞舞的美丽。

现在，请你花上一点儿时间，静静地想一想，究竟是什么造成了你的内耗呢？

自强：努力过高配的生活

很多朋友认为，患上重症肌无力这么严重的病，我就应该有很强烈的不配得感，美好的爱情、真诚的友情、幸福安定的生活，统统不配。实际上，我自己并不这么认为，相反，我认为自己配得上世界上的一切美好。

我配得上一切美好

很多朋友听说我有一段很甜蜜的爱情并走入婚姻的殿堂，都会用很诧异的眼神看着我，并用难以置信的语气问我："你结婚了？你有孩子？"一次次听到这样的声音，我才明白，原来大部分人的认知都带着偏见和狭隘。听得多了，我也就渐渐形成免疫，不予理会，一笑置之。

除了美好的爱情，我还要配得上优质的工作。我从职场小白在小企业任人宰割，一步步走进所谓的正规大公司，在生孩子之前终于做到上市公司高级策划的职位。

其中，有一段工作经历让我记忆深刻。那是我在北京的第一份全职工作，就是前面提到的那家外贸公司，虽然在那里我被"压榨"得很厉害，但那份工作也让我成长得最迅猛。

那份工作表面看起来光鲜亮丽，办公地点在首都最繁华地段的 CBD，但薪水才刚够我糊口。为了养活自己，我在衣食住行方面都尽量节省，我住在五环外的 8 人间学生公寓，4 张上下铺一体的床已经占据了 80% 的房间面积，房租相当便宜，但住宿条件也是真配得上这个价格——简陋至极，一层楼一个公用厕所和浴室，房间没有阳台。洗完衣服，我们就在那间 10 多平方米的宿舍中间挂一根绳子，衣服都挂在绳子上晾干，8 个人洗衣服还得轮着来。

在宿舍走路得低头弯腰，在一堆堆晾着的衣服下穿梭。每天我都是第一个出宿舍，最晚回来的，除了睡觉，我多一分钟都不想待在那儿。周六日我也不待在宿舍，要么加班，要么去书店、图书馆。每天晚上走到宿舍楼下我都对自己说："你现在有多努力，就能多快搬离这里。"

对那个时候的我来说，吃饭也是一项不小的开支。在CBD附近，中午一个普通的工作套餐至少30元，一杯咖啡20多元，这是很多白领的午餐配置，而我这样的"伪白领"会在每天早上买早餐时多买两个饼，放在包里带到公司，中午带上灌好水的杯子找个没人的地方把饼吃掉，顺便在楼下商场逛一圈，好像也是从外面吃完饭回来的一样。

吃下去的每一个冰凉的饼，都成为激励我奋发图强的动力，我期待着有一天可以和其他白领一起背着精致的小包，优雅地去餐厅点餐、喝咖啡，谈笑风生。

有一次出差，老板娘为了节省差旅费，让我一个人去泉州的工厂验货，不仅工作量增加了，还由原来的飞机出行改乘火车硬座。我硬着头皮到了火车站，去窗口询问到泉州的火车票，没想到正好遇到南方暴雨，到泉州的火车全部停运了。听到这个消息，感觉老天都在"帮"我。正好老板娘打电话问我买票的情况，我便如实告知，但她不信火车会停运，我说"不信，自己看新闻"。她还真去查了新闻，发现是真的。

泉州工厂出货的时间快到了，老板娘无奈之下，为我订了机票。飞机落地，我正准备奔向酒店时，才发现食宿什么的全都得自己解决。我很清楚她是在刁难我，以为我待不了几天就要回来，我偏要和她"对着干"。我一声不吭，不提住宿、餐补、交通补助的事。

钱上吃点儿亏，本领不吃亏。我该验货就验货，该出货就出货，该和工厂沟通就沟通，去工厂认真了解每一个环节，学得不亦乐乎，对验货的整个流程和工厂的所有情况都做到了心中有数。

最后，因为公司还有很多事需要我解决，老板着急了，急急忙忙给我订了返程机票。经过不懈的努力和肯吃亏的心态，我终于熬成了这家公司的核心骨干，得到了老板的赏识和信任。

诸如此类的事情不胜枚举，不过在我看来，人生的高度取决于"填坑"的能力，你能填多大的坑，就能站多高，要感谢每一个给你"挖坑"的人。你要相信，上天赐予你的一切美好，是因为你配得上，你值得拥有。

不过低配的人生

我身边有很多配得感不高的朋友，他们不敢奢望新潮的、时尚的、美好的事物，认为这些美好的东西都不属于自己，自己只能过低配的生活；遇到条件很好的异性，会自动保持距离，认为自己和对方"不是一个世界的人"，以至于在择偶问题上一直向下兼容；工作中缺乏挑战高薪的欲望与信心，认为自己不可能做到，也没有这样的野心，拿着一份基本薪资就心满意足了。

事实上，你能来到这个世界就已经很幸运了，每一个人都是独特的存在，都很优秀，都值得拥有高配的生活。如果你现在有很强烈的不配得感，要先认清自己，找到自己的优势和闪光点。

怎么才能找到自己的优势和闪光点呢?

首先，回忆自己从小到大的高光时刻，从中寻找一定的规律，进而发现自己的优势与长处，发现自己的潜质。哪怕只是很小的一件事，你比别人做得好，就是你的优势。如果做完这些，你还是不知道自己的优势，可以去问问父母、朋友的意见，借用旁观者的眼光来认清自己。

然后，把缺点当成上天送给你的一份特殊礼物。人无完人，每个人都有缺点，但不要让自己走进缺点的怪圈而无法自拔。我知道，重症肌无力给我带来了无穷无尽的麻烦，并造成不可弥补的缺陷，但我更清楚，那是我独一无二的特点，辨识度极高，它成就了现在内心强大的汪迪。

"每一个不曾起舞的日子，都是对生命的辜负"。生命如同一轮明月，月有阴晴圆缺，生命怎会毫无缺憾。有缺陷不可怕，如果你能把缺陷发挥到极致，从心底接纳自己的不完美，缺陷也会变成闪光点。

此外，积极的心理暗示能为你增强力量。著名心理学家巴甫洛夫指出，积极的心理暗示能使人迅速进入一种乐观状态，这种乐观状态可以带来认知、情感以及行为的良性转变，让人变得更坚定、注意力更集中，更具有觉察力。

所以，我们要多对自己说一些鼓励的话，让自己有"配得上"的意识。比如: 我是这个世界上独一无二的! 我一定能行！我相信自己值得被爱！我不再畏惧和害怕！我知道自己每天都在进步和成长！

亲爱的，你要知道，只要为自己的人生全力以赴过，就没有什么是你配不上的！

想一想，你有没有在学习、工作、生活、爱情、婚姻、家庭中，有过不配得感？

自得：让自己快乐，也是一种能力

没有人会拒绝灿烂的微笑，就像没有人可以抵御幸福来袭一样。俗话说："爱笑的人，运气都不会太差。"这句话是有一定道理的。微笑，给人传递的是一种温暖、舒服的感觉，是一种意想不到的力量，可以给人留下谦和、亲切、平易近人的印象，让人不由自主地喜欢你，跟你亲近。

爱笑的人运气不会差

曾经听说过一个很美的小故事：某个寺院的小沙弥，只要在某段时间内他的脸上经常出现笑容，寺院近期肯定会有好事发生。起初大家不相信，为了求证这到底是不是事实，专门有人以香客的名义进入寺庙观察。结果发现，这并非传说，只要小沙弥面露笑容，他所在的寺院就一定会有香客盈门、物资丰富的场景。

有人说，这个小沙弥肯定是某个神佛变化而来的，是寺院的守护神，只要他还在这个地方，一定会给寺院带来好运。其实，小沙弥并没有这么神奇的魔力，只是这小孩子活泼、爱笑很可爱，还拥有一身武术本领，附近的香客慢慢知道了本地有个这么出色的孩子，纷纷慕名去寺院拜佛，于是寺院也就不再像以前似的冷清。

事实上，只要用心观察就会发现，身边那些面相和善，总喜欢以笑容示人的伙伴，运气肯定都不会很差。

我身边有个女孩，虽然样貌平平，身材也不高挑，但脸上时常挂着笑容。当时大家都为论文答辩、投递简历找工作忙得不可开交，很多人论文需要大的改动，面试也不顺利，感觉未来一片迷茫。这个女孩的运气却非常好，在不懈的努力下，她不仅顺利通过了论文答辩，还找到了一份比较理想的工作，工作强度不大，还能养活自己。

后来，由于她踏实肯干，和同事相处融洽，同事又为她介绍了对象，她现在过得很幸福。

她丈夫比较严肃，平常不怎么说笑，有一次我问他为什么选择和她结婚，他说，她很爱笑，笑声很治愈，能把我心中的烦闷都带走，看到她笑我就会忘记烦恼，她的笑让我的生活多了一些乐趣和喜悦，是对我人生的一种丰富。

我非常羡慕那些可以畅怀大笑的人，而我那露出八颗牙的笑容只能停留在过去。

笑容，是世界上最美的行为语言，是世界上最好的化妆品，虽然无声，但最能打动人。所以，请朋友们不要吝啬自己的笑容，用笑容给失落的人一点鼓励，给失意的人一些安慰，给失望的人一丝希望。

人生不如意，十有八九

现在的我也会有一些时刻是不快乐的，比如，和朋友聚餐时，看着朋友们畅快地吃着、喝着、大声交谈着，真羡慕；看着别人在台上滔滔不绝，我会因自己有话想说但表达不出来而沮丧；看着好友们一曲又一曲高声歌唱，我会因为自己气息不足而失落……不过，这些不快乐都是转瞬即逝的，我很快就能和朋友们同乐，看到他们快乐我也很开心。

但是，第一次流产的那段经历，让我伤心了很长一段时间，那期间，我很难快乐起来。

婚后不久，我就怀孕了，一切都比想象得顺利，顺利得让我们有些诧异。知道这个喜讯后，我先生第一时间给家人打电话报喜，全家人都沉浸在喜悦之中。

保险起见，我们还是去了海淀区妇幼保健院检查。

轮到我就诊时，我发现医生的表情有点儿为难，我的心里立即"咯噔"了一下。医生看着我的检查单，表情凝重地说："情况不好，孕酮值和 HCG 值都很低，先回家休息看看。"喜悦的我瞬间被打入冰窖，心里七上八下的。太突然了，我有些难以接受。

坐在诊凳上的我迟迟站不起来，腿像灌了铅似的拖不动，半天才从门诊办公室一步一步挪出来。先生看到我的样子，没敢多问，扶着我就回家了。回到家后，我的身体并没有异样，我以为卧床休息几天，加强营养就能好起来。然而，几天后，幻想就被彻底打破了，我感觉肚子隐隐作痛，去洗手间发现见红了，我知道大事不妙，狂奔去了医院。

由于胚胎本身的原因，我先兆流产了。我生病被折磨得遍体鳞伤时没掉过一滴眼泪，肚子里的小生命没有了，却让我伤心欲绝，泪流满面。

那段时间，我的情绪比较低落，感觉"幸运"这两个字和我没什么关系，似乎任何事情都没有一帆风顺过。但是，生活还得继续，不能让自己一直这么消沉下去，得想办法让自己快乐起来。

后来，我让自己慢慢回归平静的生活，早睡早起、注意营养、适度运动、保持好心情。养了大半年时间，重新备孕压力巨大，怀孕之后也是如履薄冰，我战战兢兢过完整个孕期，终于顺利生下女儿。

触摸过生活的痕迹，经历过生活的风雨，我们就会明白：人生在世，不如意之事十有八九，但即使是一地鸡毛的琐碎，一路跌跌撞撞向前，也总有那么一瞬间让你感到温暖和善意，愿意重新站起来，愿意去相信人间值得，愿意再去憧憬美好的未来。

一定要让自己快乐呀

之前，我有一位"90 后"的同事，每次公司组织团建或搞活动她都不参加，领导问她："你是单身，按说周末时间最充裕，是最不应该请假的，为什么每次活动你都不参加？"女孩说："我周末休息两天就想在家宅着看娱乐综艺节目，一般都是一周更新一集，我最快乐的时光就是每周把更新的各种娱乐综艺节目看完，团建并不能让我感觉放松和快乐。"

其实，每个人的解压方式不一样，快乐的点也不同，但无论如何都要让自己快乐呀。

比方说，让我感到快乐的方式就很多，我经常选择听音乐，它能让我紧绷的心变得轻松些。流产后，为了尽快走出悲伤，我会反复听一些励志歌曲，比如《蜗牛》这首歌，"该不该搁下重重的壳，寻找到底哪里有蓝天，随着轻轻的风轻轻地飘，历经的伤都不感觉疼，我要一步一步向上爬，等待阳光静静看着它的脸，小小的天有大大的梦想，重重的壳裹着轻轻的仰望，我要一步一步向上爬，在最高点乘着叶片往前飞，小小的天流过的泪和汗，总有一天我有属于我的天"，它似乎在鼓励我不要被现实击垮，即使像蜗牛一样也应该努力向上，拥有属于自己的一片天空。在听歌的过程中，我也会不断鼓励自己，平坦的路都不会让你攀登到更高的山峰，荆棘丛生反而能让你快速到达山顶。

我心情不好的时候，还会出去旅行，让心境更加开阔。在我看来，旅行不是简简单单出去游玩，而是开阔眼界，更好地感知这个世界，了解当地风俗文化，旅行是看到不同的活法和不同生活方式的一种途径。

那次流产之后，妈妈过来照顾我，当时恰逢农历新年，想到回老家过年免不了有亲朋好友盘问，我决定干脆不回去了，带着妈妈去泰国过年。那一趟旅行中，我们认识了好几对母女，其中有两个女孩和我年龄相仿，她俩都是单身，为了避免回老家过年被亲戚询问对象的事，就和母亲出来玩，寻个清静。三位妈妈在一起聊得热火朝天，我们年轻人就一起出去看烟火、逛夜市，玩得尽兴、笑得开心，那些不快乐也随之烟消云散。

人生中最重要的事情是让自己笑起来，除此之外都不是问题。

想一想，你有多久没有真正快乐了？有多久没有肆无忌惮地放声大笑了？

自信：把自己活成一束光

彭于晏在接受采访时说："没有办法控制的事情太多了，而运动是可以由自己控制的，如果你都没办法控制自己，怎么去控制外界未知不定的东西？而且，从某种程度来看，运动可以让你变得更自信。"

于是，他给自己设定目标，比如跑步 30 分钟或普拉提 20 分钟，做完每天该做的，就会变强大一点儿，完成目标后自信又多一分，内心的信念也会变强大。

谁没有过自卑的时候

说到运动、健身、瘦身这个话题，我也有一些发言权，曾经的我因为肥胖自卑了很长一段时间。

上高中后，我的身高似乎不再增长了，身体转而开始横向发展，体重越来越大。但是，那时候我唯一的目标就是保持身体健康，对体重的增长没有过于关注。

等上了大学，在各种药物的刺激下，我的体重出现了加速增长的趋势，一度达到了 138 斤。我变得笨拙了，上楼梯会大喘气，弯腰系鞋带都特别费劲，那些漂亮的、显身材的衣服变得和我没有关系了。

有一天，我刚踏进教室，还没找到座位坐下，就听见一个男生扯着嗓门喊了一声"小—胖—妹"。这下好了，全班同学都知道了我的绰号，我的脸一下子就红了，真恨不得马上找个地缝钻进去。其实，被起绰号也不足为怪，但这一件原本我没有特别在意的事情，突然被放大，让我被集体嘲笑、被所有人否定，我开始否定自己，自卑的情绪慢慢在我的心里生了根、发了芽，当时我希望自己活成一个"透明人"，最好所有人都不要看见我。

后来，看着身边的好朋友陆陆续续谈恋爱了，有的还结婚了，我才意识到：胖不仅让我变得不自信，也让我的人际关系受到了阻碍，就连谈恋爱的机会也被剥夺了。原来，真的没有人愿意透过你邋遢的外表，去了解你美丽的内心。

受到现实打击的我对自己说："不蒸馒头争口气，一定要让自己瘦下去！"

我听同学说，慢跑瘦身见效比较快，就决定从这个运动开始。我们学校有操场，晚上慢慢跑上几圈，的确感觉到身体发热，似乎脂肪正在一点儿一点儿减少，只是跑步的过程会让我呼吸变得非常困难，我放弃了。不过，这次尝试也让我知道了，跑步对我来说是一项不太友好的运动，或者说所有运动对我而言都不容易，只能点到为止。

运动不行，我就换成控制饮食，晚上不吃主食，只吃少量水果和蔬菜。这个方式还挺见效，每次第二天早上一称体重，数字都在变小，自信随之增强。可惜，没过多长时间就出现了问题，我一到睡觉前就会饿，饿得睡不着觉。我继续坚持了一两周，实在扛不住了，就又放弃了。而且，之前减下去的体重又慢慢回升了，我比以前更重了。

等有了工作，我想着金钱没准能给自己一些激励，就花钱办了一张健身卡。但是，现实并没有我想象得那么顺利，健身房运动的强度和力度，是我的身体完全无法承受的，这条路就也行不通了。

就这样，我断断续续努力瘦身 8 年，以失败告终，我也陷入了深度自卑的情绪之中。

瘦身之后我变得自信了

后来，我对前 8 年失败的减重过程进行了总结，才发现是自己把出发点搞错了。当时我尝试过的那些减重方式要么不健康，要么不适合我的身体，对我来说都是一种消耗，而且其中还掺杂着向更多人证明自己的想法，这在一定程度上阻碍了我减重。同时，我在减重时还陷入了一个误区，就是给自己定下了一个不太容易实现的目标：一定要减重 20 斤，而我在内心深处对这个数字产生了很大的抵触情绪。

只有真正想明白了一件事，才会发自内心地愿意去做，这件事也才更容易成功。后来，我开始追求健康的、自律的瘦身方式，把自卑赶走，慢慢变得自信起来。

我决定先减少高热量食物的摄入。之前我看到油炸食品、咖啡、奶茶、甜品，就控制不住。我不能再放纵自己了。我刻意避开那些高盐、高糖、高热量的食物，主要吃一些热量低但饱腹感强且口感好的食物。有些时候，我也会自己做饭，把白米饭换成粗粮饭，尽量少放油、盐、糖，吃饭前先喝汤，吃饭只吃八分饱。

这还不够，我还告诉自己：这么努力工作，为什么要吃垃圾食品？要吃就吃健康的、配得上自己的食物，哪怕少一点儿，也要精致一些。就这样，我慢慢戒掉了所有含糖饮料和零食，看着体重秤上的数字在一点儿一点儿变小，我心里有说不出的开心。

　　虽然我的体重在降低，但是感觉皮肤也松弛下来，还是得增加一些运动。我知道，高强度的运动不适合我，那我就从一些小的运动做起，能站着就不坐着，能坐着就不躺着，不能跑步就走路，从每天走 1000 步到 3000 步再到 5000 步。每次吃完饭后，我要么散步半小时，要么靠墙站半小时，工作时间也会站起来活动拉伸一下。当我把运动贯穿到了日常生活之后，身体的线条发生了很明显的变化，自信心也渐渐增强。

　　就这样日复一日的坚持，我整个人都变得轻盈且自信了，就像换了一个人一样。

　　通过这个例子，我想告诉大家的是，每个人天生都是自信的，莫让自卑占了上风。如果自卑一时占了上风，你要找到真心想要改变的动力，寻找可以改变的方法，并持续做下去，终究会收获满满的成就感，慢慢地，自信会离你越来越近。

　　亲爱的朋友，你可以想一下，是什么让你变得自卑了？你又打算如何让自己变得自信？

自洽：接纳自己，内心温柔且有力

　　亲爱的朋友，在生活中，你是否有过这样的经历？

　　朋友说晚上写文章更有灵感，你不赞同并与他辩论；

　　同事说有了固定模板，写起方案来更加得心应手了，你想说服他不要过度依赖模板；

父母说到了岁数就得找个人结婚生子，要不然老了都没人照顾你，你企图让父母改变这种观念。

……

我们常常有试图说服别人的想法，殊不知这正是痛苦的主要来源，因为它通常以令你受挫的方式告终。但是，当我们换一种新的模式去解读世界，比如把时间和精力用来说服自己，就不会陷入某种执念，从而可以重新建构起对同一件事的不同看法，找到新的方式解决问题。

这个过程就是自洽，赋予自己信心和途径，帮助自己在理想和现实的矛盾中开辟出一条自我接纳的道路。

自律的尽头是自洽

"洽"就是接洽，"自洽"就是自己接洽自己，代表着自己完全接受自己、悦纳自己、喜欢自己，活出真实的自己。

这几年，关于自律的话题讨论很多，打开手机就会看到一些推送文章，比如"自律，让你的人生开挂""自律的程度决定了你的人生高度""自律才是真正的自由""高级快乐源于自律"……似乎自律成了打开成功人生的一把必备钥匙。但是，真的如此吗？

我有一个朋友，她在各种自律话题的激励下，逐步开启了自律的生活。

她的身材微胖，于是她决定先从减重开始自律，希望自己一个月能瘦 10 斤，拥有马甲线、A4 腰、天鹅颈。为了达到这个目标，她每天早晨不到 6 点就起床锻炼，有时候跑步、有时跳绳、有时跳操，7 点前吃完不加任何油、盐、糖的低热量早餐，午餐多吃蔬菜和水果，晚餐不吃或只吃一些低热量的代餐食物。

一个月内，她真的瘦了 10 斤，马甲线慢慢显现，这种自律带来的成功在朋友同事之间传播，她也享受到自律带来的成就感。然而，有一次单位组织体检，她的身体被查出发生了一点病变，这犹如晴天霹雳，她几乎崩溃了。

她很不理解，自己每天锻炼，也不吃高盐、高油、高糖的食物，怎么就生病了呢？然后，她回想自己每天的自律行为：在还没有得到足够休息的时候就强迫身体开机，在头昏脑涨的情况下开始锻炼，辛劳了一整天却只得到一点儿没有味道的食物。原来，一味自律让她不快乐，劳累的身心得不到休整，糟糕的情绪也得不到排解……这些慢慢地在她身体上得到了体现。

我也有过这样的经历。上大学期间，没课的时候我就会背起小书包，找一个人少的教室去上自习，一路上想着自己真的好努力、好刻苦，一种自豪感油然而生。等我坐到教室里，拿出书本看了两页后，发现窗外的风景好美，就呆呆地看着；过一会儿又发现手机有震动，赶忙拿起来回复一些消息，然后又忍不住浏览了一些新闻。再抬起头，发现已经过去了 2 小时，而书还停留在最初翻开的那一页。我时常为自己这样的行为自责，怪自己自制力不强，强迫自己去看书，到了这个时候过程就极其痛苦了，以至于一想到要去上自习就很排斥。

后来我才明白，真正的自律不一定是完全按照计划一丝不苟地去做，而是要了解自己的状态，知道身体的需求，接纳并给予满足，让身心都得到放松和舒展的自洽。

接纳自己，才是真正自洽

对我来说，自洽首先是和自己的身体和解，接纳自己显而易见的不完美，在有限的边界里去探索更多的可能性。

在求医的过程中，我从很多医生那里得知："重症肌无力很难根治，要避免疲劳、感冒、外伤，否则很容易复发，普通人做的运动你也做不了。"方方面面都存在限制，让我很不甘心，但是我更知道生命才是最重要的。所以，我试着去接纳自己不完美的身体，不再抱怨、不再回避、不再对抗，用心感受身体的状况，找到适合自己的锻炼方式去增强体魄。

其次，我的自洽是面对他人的闲言碎语一笑而过，不被外界干扰，保持内心的平静，活在一个很自在的状态里。

因为身体的特殊性和罕见性，我总免不了被人背后议论、指指点点，早期我还做不到不在意，但现在就感觉那些和我没什么关系。甚至有人告诉我"某某在背后说你……"的时候，我都会说："请你不要告诉我，我不愿意把精力消耗在没有价值的事情上。"

我很喜欢《火影忍者》里的一句台词："如果有人在背后议论你，那只能说明你活得比他们精彩许多，冷嘲热讽是对你的赞赏，闲言碎语是为你的精彩鼓掌，他们不过是在为你歌唱胜利的赞歌。"

人生必须学会的一门课，就是接纳现实，面对不被理解时，仍做好当下应该做的事情。远离消耗自己的人和事，你才会活得更自洽。

自洽的人，内心温柔且有力

有句话说得好：人生就是不断说服自己，再好好陪伴自己。不管经历过什么伤痛，想让它成为过去，就得从内心深处接受它的发生，然后告诉自己勇敢地去面对它。把自己说通了，也就不存在那么多纠结与痛苦了。

在我看来，这也是自洽的一种表现，即能正确客观地评价自己，认同自己做的事。但是，在说通自己的时候，难免会遇到一些困难，其中最大的困难应该是对自己不认可。如果你不认可自己，就会试图通过迎合别人来获得别人的认可，别人的批评和讽刺也就会对你产生很大的影响。

单一视角的认知与理解，容易使人陷入自我满足，并不中肯，这就还需要别人对自己的认可，也就是外部的评价体系，从别人口中得知自己的长板与短板。如果你完全依赖从外部评价体系里了解自己、认识自己，就很容易陷入自我否定。比如，在工作中因为一件事情被老板批评了，因此觉得自己能力不行，一无是处，甚至开始怀疑自己的价值。

所以，我们要在了解自己、接纳自己、认可自己的前提下，借助他人的评价，来完善对自己的认知。比如，我找工作的时候，明明知道自己并不那么喜欢也不擅长做文案工作，但限于自己在沟通上有障碍，只好选择这方面的工作。我刚刚成为一名策划人员时，交出去的策划案确实很差劲，领导对我的批评我也只能全盘接受，并从中找出自己不足的方面，继而做出改变。就这样，不断摸索、不断学习、不断突破，我对自己的文案能力有了更深刻的认识，从中找到价值和乐趣，而且得到了同事和领导的认可，慢慢喜欢上这份工作。

生活是自己的，不是给别人看的。不管做什么，做真实的自己是最好的，不要一直戴着面具去生活。

亲爱的朋友，我诚心祝愿你拥有自洽的人生，在风雨中活得勇敢和坚定，活得真实和无畏。

想一想，你是"他洽"的时候比较多，还是"自洽"多一些？

第三章

允许自己做自己，
允许一切如其所是

从前种种，譬如昨日死；

从后种种，譬如今日生。

——《了凡四训》

世界喧嚣，做自己就好

亲爱的朋友，你听过这样一个故事吗？

有一天，一对夫妻牵着小毛驴出门去赶集。刚开始，丈夫牵着小毛驴，妻子骑在小毛驴上，夫妻二人一路上有说有笑。有路人看到后就指指点点："这男人太没用了，怕老婆，让女人骑驴自己牵驴。"妻子听到后，满脸通红，立即和丈夫调换了位置。但是，没走两步，一些路人又开始说："这男人太坏了，不关心自己的老婆，自己骑驴让女人牵驴。"丈夫听了这话，也脸红了。二人一商量，决定一起骑驴。又没走两步，路人指责得更厉害了："两个人骑这样一头小毛驴，像什么样子？这分明是虐待动物。"夫妻俩有点发蒙，这也不对那也不对，干脆两个人都不骑了，牵着驴一起走。可是，牵着驴的夫妻俩还是被路人嘲讽："这夫妻俩真傻，明明有一头驴，可是谁都不骑，偏要走路，那牵驴出来干什么？遛弯儿么？"听了这话，夫妻俩彻底不知如何是好了……

我们每个人心里都住着那对夫妻，经常会在生活中遇到来自别人的指点与评价，别人对我们的要求好像超过我们自己对自己的要求。我们手里只有一票，而身边的人有很多票，家人几票、亲戚朋友几票、领导同事又几票，我们自己这一票就被无形中弱化了，但是，亲爱的，别忘了咱们有一票否决权。

难道我们也要像故事里的那对夫妻一样时刻在意别人的评价并改变自己的行为吗？从我的经历来看，答案是否定的。

按自己喜欢的方式生活

我喜欢待在北京的一个原因就是，如果你感觉自己挺厉害的，到了这儿发现很多人比你更厉害；你感觉自己生活得很不如意，到了这儿发现很多人生活得都不容易；甭管你如何奇装异服、染什么颜色的头发，去三里屯、798、蓝色港湾转悠一圈儿，也没人觉得你奇怪；就算你穿着朴素，拎着个布袋子逛街，也毫无违和感。

我当年生病的事在我所在的那个小城市好比头条新闻，轰动一时，真不知道在网络不发达的情况下大家是怎么知道的。大家当面都装作不知道，背后议论得热火朝天。我能感觉到大家看我时的异样眼光，让我偶尔怀疑自己是不是真的那么"与众不同"。

直到我走出小城市去北京、上海看病时，才发现大医院患有疑难杂症或罕见病的病人排着长队看门诊，医生们见过太多的复杂病例，对我这种情况已经习以为常。

在上海治疗期间，我见到了各种稀奇古怪的病人，再看看我自己，还是挺正常的，至少表面看上去是这样。

最小的一位病友，是一个很可爱的小女孩，还不到 3 岁，因为眼皮耷拉下来被确诊为重症肌无力。她并不知道自己的身体发生了什么，每天都在医院里开心地玩耍，只有她的父母脸上露出不安和担忧的神情。

湖南的一位病友姐姐，带着浓重而又可爱的湖南口音，吐字清晰、声音洪亮有力，只是一直戴着墨镜。我很纳闷，她的身体看上去完全没有问题，说话也没问题，究竟是哪里出了问题呢？面对我迷惑不解，她摘下了墨镜，我发现她的一只眼球已经坏死了，不能转动，还很突出，视力几乎为零，看上去像一只假眼睛。一切心照不宣，她每天的心情都很郁闷，我们做检查碰到了就会一起聊天，交流经验，我会鼓励她不要放弃治疗，希望能带给她一些精神支持。

当你见过银河，就知道闪亮的不止一颗星；当你见过大海，就知道广阔的不止一条河；当你见过形形色色的人，就会发现更多的活法，就不会觉得自己怪异了。有时候我想，老天爷给我安排了一个不寻常的经历，就是希望把我磨炼成一个不普通的人。小城市的医疗条件有限，我必须靠奋斗留在大城市，或许这也是老天爷的本意。

世界上没有两片相同的树叶，人不能两次踏入同一条河流。每个人都有不同的活法，有的平平淡淡，只在自己家人朋友脑海里画下一个符号；有的人轰轰烈烈大干一场，流芳千古。如果你喜欢平静安逸的生活，待在小城市或老家就是不错的选择；如果你是敢闯敢干的个性，那就到大城市放手一搏。**选择权就在你的手里，不要问别人，你来决定自己往何方走，至于那些流言蜚语，就让他们说去吧。**

摘下面具，做真实的自己

生活就是一出戏，每个人都有自己的角色，扮演领导眼中的好下属，扮演员工心中的好领导，扮演父母眼中的好孩子，扮演孩子眼中的好父母，扮演一对让外人看来恩爱无比的夫妻。

为了演好这些人生大戏的不同角色，我们每个人都要因时间、地点、场合的不同而恰如其分地选择佩戴一些面具，面具戴久了，习惯成了自然，久而久之就忽略了真实的自己是什么样子的。

面具戴久了，人会变得麻木，思维也遵循惯性，我们要试着摘下面具，做那个最真实的自己，有时候这也是对自己的一种保护。

我刚找工作的时候，没什么经验，不知道要提前查看公司的一些信息，对工作也没有清晰的规划，就一直在网上投简历，没想到面试了一家不太正规的公司。

那天，公司的负责人通知我第二天下午两点去面试，地址在 CBD 黄金商业区，说是这家公司在北京的一个办事处。地理位置的繁华让我毫无戒备心，第二天准时到达面试的地点。职场小白嘛，没注意是不是写字楼，也没多想就进楼按了电梯。

　　敲门两声后有人开门，我便进去了，可前脚刚进去，后脚门就被反锁上了。这个举动有些反常，被我看在眼里。接着两个穿着保安衣服的人往门口一坐，我知道情况有点儿不对劲，脑海中突然浮现新闻曾经报道过的画面，心想：下一步就该收手机了吧？

　　在被没收手机前，我找机会进了洗手间，心想如果能自己想办法出去更好，不能出去就赶紧把地址发出去找人帮忙。然后，我把门反锁了，想办法和外面取得了联系，经过多番尝试，终于把自己成功解救了出来。

　　这件事给了我很大的经验教训：任何时候都不能粗心大意，特别是女生，要学会保护自己，不要本末倒置，不要一看到繁华地段 CBD 写字楼就毫无戒备地急着去，不要为了满足自己的虚荣心和面子，忽略了更重要的事。而且要学会分析情况，有一定的预见力和洞察力，真的遇到事情，冷静处理，不要把希望只寄托在别人身上，紧要关头，能救你的往往还是你自己。

　　要想做真实的自己，还在于敢表达自己的想法，可以委婉一些，不要让它们一直被压抑在心中，成为无法排解的压力。

　　我们总会在某些时候用不真实的自己去讨好这个世界，偶尔就好，一直去讨好，就会活得卑微且痛苦。时间久了，面具可能与自己融为一体，想摘都摘不掉了。

　　总有一天你会发现，原来真的喜欢你的人，就是喜欢你原本的样子，你不需要伪装，不需要戴上面具，不需要放低姿态。原来不需要说阿谀奉承的话，不用勉强自己去做不愿意做的事情，也可以过自己想要的人生。

面具戴太久，不容易摘掉，适当地摘下面具，透透气，找回真实的自己。

想一想，你有多久没有摘下面具自由呼吸了？

以独处相安，与万事言和

我常听人说，生2个或3个孩子是为了他们长大后不孤独。在我看来，孤独和人多人少没有太大关系，如果不能学会和自己相处，有8个兄弟姐妹也一样孤独，最终能陪你走完人生的只有你自己，没有其他人。

当然，我也见过很多独生子女内心丰盈，独处时娴静而从容、悠然而自得、充实而满足。

独处并不意味着孤独

我们"80后"这一代人，父母没有学过什么亲子教育，更谈不上早教，连亲子沟通的育儿书籍都很少看，所以他们很多应该都是让孩子"野蛮生长"。我小时候，小城市没有兴趣班，也没什么好玩的地方，暑假两个月我都是自己一个人在家，自己安排暑假生活，上午写暑假作业，中午午休醒来之后吃一根雪糕，下午去游泳或看会儿电视。

我记得很清楚，有线电视就那几个频道，一到暑假，电视台就循环播放《西游记》和《新白娘子传奇》，年年都是这两部剧，台词我都背得滚瓜烂熟了。幼稚的我还一边看，一边模仿，一边演白娘子的"法术"，身上披个床单到处"飞"，周末还会组织小伙伴玩角色扮演。现在回想起来，我们那时候瞎玩的游戏，不就类似现在的孩子交了昂贵的学费去上的戏剧课吗。

老式电视机看得时间久了就会发烫，我得算好妈妈下班回来的时间，提前半小时关电视，用电风扇对着电视机吹，给它散热，再把电视套盖好，还原成之前的样子，忙得不亦乐乎。即使自己一个人在家，我也从来没觉得孤独，反而觉得很自由。

长大后印象比较深的背井离乡的独处，是在北京住院不让家人陪同的那段时间，那一年我 17 岁。大城市医院管理正规严格，晚上我只能一个人在陌生的城市、陌生的医院、陌生的病房里躺着。第一次自己一个人在不熟悉的环境中睡觉，根本睡不着，医院到处弥漫着紧张的气氛，未知的恐惧让人焦虑不安，加上浓烈的药水和消毒水的味道，漫漫长夜有些难熬。好在小时候父母工作忙，我常常一个人在家，养成了比较独立的个性，很快适应了独自住院这件事。

独处就像和自己谈恋爱

独处，不是一种姿态，而是一层心境，是自然中最古老的真相，是万物最原始的本来面目，是自我心灵的诗意栖居。我反倒觉得，独处更像是和自己谈恋爱，能重新认识自己，真正了解自己。

认识自己，必然是要慢慢发现自我的天赋、自己的喜好以及自己能够为他人提供的价值。

山本耀司说，"自己"这个东西是看不见的，需要撞上一些别的什么，反弹回来，才会了解"自己"，所以，跟很强的东西、可怕的东西、水准很高的东西相碰撞，然后才知道"自己"是什么，这才是自我。

我们也要去"碰撞碰撞"慢慢找到自己，发现自己在某些方面的兴趣和专长，塑造更大的价值。

在独处的过程中，我也更加肯定了自己的价值。存在即合理。在这个世界上，任何人都有存在的意义，没有一个人的存在是毫无价值的。所以，请你不要认为自己是卑微的，也不要认为自己是没有价值的，你诞生在了这个世界上，就是独一无二的。

每一次的独处，也促使我不断思考：我到底要成为什么样的人，要做什么样的自己，要过上什么样的人生？

我在经历过生死之后，才真的意识到人生太短暂，时间很宝贵，一生当中，除去用于工作和各种必不可少的事务的时间，能留给自己的时间极其有限。

而且，你自己是怎样的，这个世界就是怎样的。你不用去参考他人的选择，别人的人生经验、别人前进路途上遇到的洪水猛兽，都不能定义你的人生，也不能阻碍你对自己人生的自由选择，你的人生由你自己决定，要志存高远、要用全力以赴的姿态去迎接。

所以，我希望你不要错过那少有的独处时间，可以摘下伪装已久的面具，待在自己的世界里让自己放空，让自己不被名利驱使、不被虚荣包围，认识自己、成为自己、爱上自己，悠闲自得地享受那种恋爱般的美好时光。

学会享受独处的时光

德国哲学家叔本华在谈论人的本质时区分了3个不同层次，大家可以对比自己，找到那条通往幸福的大道。

第一层即最外层：我在他人那里的评价如何？绝大多数人都比较关心"别人怎么看我""他们觉得我行不行""在同学或朋友看来我过得好吗"，这是我们的"面子"，男女都逃不过。

第二层即中间层：我们拥有什么？关注点开始聚焦于自己实实在在拥有的，比如你有学识、有事业，还有亲情、爱情、友情等。

第三层即内层：我是谁？追问的是自己的本质，比如心灵、人格等精神层面。

大部分人能把握好第二个层次就可以过得不错，达到第三个层次需要有些阅历、有些悟性、有些特别的经历，才可以将那个埋得深不见底的"我是谁"找出来。至少，你要花些时间和自己相处，才有可能了解得更深入一些。

在这个喧嚣的世界里，我们都曾梦想自己是宇宙的中心，是人群中最耀眼的那个人。年轻时我们喜欢热闹，渴望社交，希望朋友纷至沓来，随着年龄的增长或是特别的醒悟，你会发现独处的珍贵。

生病之后，我有了更多的时间与自己相处，时间久了才发现独处并不可怕，反而可以做很多有趣的事情。比如，听喜欢的音乐，泡一杯茶，看一本好书，照顾一下平时无暇打理的花花草草，锻炼一下身体，看一部电影，为自己做一顿美食，都是不错的选择。

其实，我独处时和大家做的事情差不多，不同的是我还得坚持康复训练，研究一下营养搭配和养生。久病成医，自身免疫系统疾病需要平时方方面面的调节。生病以后我开始注重养生，减少对身体消耗的同时提高免疫力。我会看《黄帝内经》《节气养身》等一般人不太关注的图书，会研究穴位、艾灸等中医疗法，还会练一练八段锦，写写字，尽可能多地走进大自然，多做修身养性的事情。

亲爱的朋友，这个世界能与你相处到老的只有你自己，希望你既能享受群居时的热闹，也能享受独处时的宁静。

现在请你想一想，当你独处时，做什么事情能让你感到更快乐？

要做梦，敢做梦，万一成真了呢

在《权力的游戏》这部剧中，最受欢迎的角色并非男女一号，而是"小恶魔"，其扮演者彼特·丁拉基将亦正亦邪演绎得淋漓尽致，但他本人追逐梦想的故事更让人热血沸腾。

1969 年 6 月 11 日，彼特·丁拉基出生于美国新泽西州，由于生来就患有软骨发育不良症，他的身高停留在 1.35 米，受尽了旁人的冷眼和嘲笑。为了维持生计，他曾在一家画廊挂过油画，在一家钢琴店给钢琴擦了 5 个月的灰，也曾在一位学者家中除草和清理马蜂窝，最长的一份工作干了 6 年，是在一家数据处理公司做数据输入员，每天对着计算机输入数据，日复一日，枯燥乏味。

直到 29 岁那年，他告诉自己：无论下一份工作薪水如何，都将去做一名演员。由于身高缺陷，彼特在纽约当演员的日子开始得异常艰难，他只能接到小丑、精灵或是鬼怪之类的角色，这令他十分沮丧，但他没有放弃自己的梦想。

最终，凭借在《权力的游戏》中饰演提利昂·兰尼斯特（即"小恶魔"），彼特成功斩获第 70 届艾美奖剧情类最佳男配角奖，他的人格魅力让我们忽略了他的身高和相貌。而且，世界上没有任何一个侏儒演员获得过这样的荣誉，人们甚至连幻想都不曾有过。这个身高只有 1.35 米的男人，无论在剧中还是现实中，都活出了常人难以企及的高度！

他的故事让我备受鼓舞，也让我有了去勇敢追逐梦想的冲动……

我的梦想照进了现实

《妈妈咪呀》是一档女性才艺情感真人秀节目，参加这个节目的嘉宾各个身怀绝技或有不寻常的故事，节目深受大众喜爱，我妈妈也是一位忠实观众。

有一天，妈妈又坐在家里的沙发上观看《妈妈咪呀》，我也跟着一起看了起来，看了一会儿，我竟脱口而出："这个节目我也能上。"妈妈听后直接回我："别吹牛了，你也能上，去的人各个都能说会道，还有才艺展示呢。"

本以为只是一个玩笑，没想到几年后节目组真的联系到我，邀请我参加第 7 季《妈妈咪呀》的录制。

2020 年 6 月 13 日晚上，是我人生中非常难忘的一个夜晚，那是我在电视荧屏上的首秀。那期节目，收视率创了新高，播放量、点赞量、评论都超乎了想象。观众、朋友、家人、同事纷纷发来贺电，我不停地接电话，微信根本回不过来，巨量信息直接把手机"轰炸"到了死机状态。这太出乎意料了，从没想过我的故事如此受人喜欢、激励人心、鼓舞网友，我还收获了一大批粉丝。

很多网友很可爱，有的留言说，看到你坚持康复训练几十年如一日，练舌头把压舌板都练断了，想想我自己，想减重都做不到，都想扇自己了；有的说正在经历人生黑暗时刻，就像掉进深渊爬不出来，看到你的故事，给我重新站起来的力量；还有一位患有重度抑郁症的朋友说："活得非常痛苦，几度想轻生，你的故事给了我重新活下去的希望……"每每看到这些，我都深受感动，曾经一无用处的我竟然也能照亮别人的人生了。过了几周，我又接到导演的电话，让我再次启程去上海参加《妈妈咪呀》终极绽放夜的盛典，要给我颁奖。

站在台上，我仿佛有一种"回娘家"的感觉。我在发表感言时说，我的人生中有5个重要转折：第一个是1986年我出生了，第二个是2003年我生病了，第三个是2015年我做了母亲，第四个是我在5年中6次临近死亡，第五个是2020年我站上了《妈妈咪呀》的舞台，绽放了自己，拿到了在电视荧幕上的第一个奖项——"励志妈妈奖"。

一直以来，我都坚信"你若盛开，蝴蝶自来"。等人、等事、等风来，要在等待的过程中把自己磨炼到最好，不要着急，把心思放在最重要的事情上，沉住气去做好该做的事，时机一旦成熟，自然而然会有人找到你。

终会成为想成为的自己

虽然我小时候很喜欢跳舞，但生病后确实很多年没再跳过了，加上肌肉没有力量，跳出来的舞蹈缺少爆发力和力量感。在决定参加录制时，我也给自己设想过一些困难，比如我真的还能跳完一支舞吗？跳得很难看怎么办？观众不喜欢怎么办？要是收到很多负面评价我能受得了吗？脑子里全是这些杂念，挥之不去。

我对自己说，梦想近在咫尺，就这样放弃岂不是太可惜了？后来，我尝试着把跳舞这个困难拆解成一个个小问题，比如先熟悉一些旋律、了解基本的舞蹈动作、知道自己的身体极限、寻找提升力量的方法等。我每天对着镜子，跟着视频做，一个动作一个动作地练习，练一会儿肌肉就无力了，便坐在地上歇一会儿，力气恢复一点儿再继续跳，一个简单的动作就得练习几十遍、上百遍才能做到位，每天晚上做梦都在跳舞。长时间的小行动积累到一定程度，让我有了一些突破，在正式录制之前，我已经能够完整地跳完那支舞了，而且我的力量也在不断增强，这让我对自己更有信心了。

录制的前两天彩排，现场负责各个部分的导演都聚在一起，其中一个指挥现场的导演并不知道我的情况，看到我的彩排舞蹈，他对身边的人说："跳得也不错，就是总感觉有点软绵绵的，是不是没有使劲。"旁边有人对他说："她是重症肌无力妈妈。"导演立刻很惊讶地说道："天呐，那也太厉害了吧，还能跳舞，我好好的都跳不成这样。"

20年的康复训练实属不易，过程痛苦不堪，想放弃的念头也时常闪过脑海。但是我知道，练习不一定会让我变得更好，但如果不练习则一定会退步，甚至发展到各部位肌肉萎缩。现在回过头去看那时候的自己，才发现自己真的很努力，也一直在变好，我更得给自己点一个大大的赞。

在录制节目的当天，印象最深的是宁静老师说我"不正常"，为什么这么说呢？她觉得身体有缺陷的人很多，而且大多心理会比较暗淡，这也是可以理解的，但是我太积极、太阳光、太正能量了，还那么幽默风趣，真是"太不正常了"。

这样来看，积极乐观的心态能让梦想更快地实现，其实我也不是天生的乐观派，而是一步步慢慢培养起来的。比如说，在遇到一些事情时，我会先往好的方向去想。其实，我们很多时候的焦躁不安，不是事情本身引起的，而是对这件事的解读有偏差，感觉自己无法控制局面导致的。这时候，我们应该承认现实，然后设法创造条件，使事情向着有利的方向转化。

有些人在烦恼袭来时，总觉得自己是天底下最不幸的人，谁都比自己幸福。我觉得这是一种错误的思考方式。你不要用受害者心态思考问题，事情并不真的是这样，也许你在某方面是不幸的，但在其他方面依然是很幸运的。有这样一句辛酸的话："我在遇到没有双足的人之前，一直为自己没有鞋而感到不幸。"生活就是这样，想到这些，你也许会感到轻松和愉快。

当你是一棵小树苗时，你可能被忽视，甚至被随意践踏；唯有拼命吸收土壤的营养、拼命呼吸、拼命为自己争取阳光雨露，努力长成参天大树，才能让所有人都看见你。同时，你还可以供他人乘凉，为他人遮风挡雨。

跬步千里，滴水汪洋；向上一尺，根深一丈。要做梦，敢做梦。

想一想，如果这一生只能选择做一件事，你最想做什么？

内心强大的人，永远有解决问题的能力

生活中，我经常听到有朋友抱怨自己运气不佳，好的机会

太少，非常羡慕那些机会多的人，因此，他们不断地变换工作或改变自己的业务模式。

在我看来，很多机会未必是寻觅、等待来的，而是自己创造出来的。**凡事主动一点儿，才能在竞争激烈的市场上获得属于自己的机会。**

机会留给主动的人

一年四季的变化对我的身体影响很大。冬天气温低，我的四肢就会无力且僵硬些，感冒多发也容易让我的身体陷入危险，所以我在冬天尽量避免去人多的密闭空间和寒冷的户外。春秋，身体状态会好一些，我就会稍微活跃一些，会做点儿力所能及的小事情，凭脑力赚点儿外快。

上大学的时候，我看到同学们经常在周末去超市做促销员，一天收入 50 ~ 80 元，同学想邀我一起去，被我婉言谢绝了。我很清楚，这种兼职不适合我。

那我能做些什么呢？经过一段时间的观察，我发现很多外国留学生需要学习汉语。要不我去试试教汉语？现在想想，挺佩服当时的自己，真不知道是哪里来的勇气。

图书馆有一个广告栏，我先学习了一下"同行"是怎么写广告和张贴广告的，然后自己写了一份简单明了的广告，还用荧光笔做了标注，并在广告纸的下端写下一排排电话号码，剪成一条一条的，方便看广告的人直接撕走。

贴了广告后我就满心欢喜地回去等电话了。可是，一连等了好几天，电话都没有响过。我感觉很奇怪，怎么能一个电话都没有呢？过了两天，上完课后我又拿着做好的广告去贴，贴上广告后，我在学校里溜达了一圈，又转到了广告栏附近，开始观察：一是观察什么时间人流量大；二是观察广告贴在什么位置最显眼；三是观察哪个才是最有吸引力的广告。

守候了小半天，我心里差不多有答案了：午饭后和下午下课至晚饭时间人流量最大，最显眼和最有吸引力的广告就是最表层的那一张。因为贴得越早，就会越早被覆盖。

知己知彼，方能百战不殆。我调整了广告内容，选择了最佳时间段再次来到图书馆，挑选了最好的位置，重点露出了手机号码。我没有直接离开，而是在附近等待。没过一会儿，就有一些人驻足在广告栏前，等他们散去后，我发现自己广告上的电话号码条已经被撕去了两条。这时，我才满意地离开了。

没过多久，我的手机响了，我猜肯定是看到广告的人打来的，虽然非常喜悦，但还是故作镇定地接了电话。很快，我们就约了见面，定了每周的学习时间和价格，每次上课时间也就1小时，所以不会太累。

通过这次兼职，我不仅赚到了外快，了解了不同国家的风俗和人文，开阔了自己的眼界，中英文水平也有所提升，这让我更加意识到机会是要自己创造的，可谓是一举多得的一次经历。

机会，通常是留给那些敢于迎接挑战、主动出击的人，他们不满足于安逸的现状，而是勇敢地探索新的可能性，对生活充满热情和活力，拥有积极乐观的心态。而被动等待的人往往守株待兔，指望机会自动降临，他们沉溺于舒适区，对挑战和变化有恐惧心理，不愿意主动去追求自己的目标。这种被动等待只会导致机会的错失，最终留下遗憾和后悔。

向上管理，为自己创造机遇

在我看来，机会是成功的跳板。与其等待"好心人"送来机会，不如主动出击。做好向上管理，能为自己创造更多机遇。

很多人认为，"向上管理"就是所谓的溜须拍马，其实不是这样的。真正的向上管理，应该是能与对方拥有同一种视野，站在同一条战线，为共同的目标而努力。具体来说，要做好3个方面的管理。

第一个方面，目标细化向上管理。当你接收到工作任务后，不是拿到手就去埋头苦干，而需要细化目标，与领导和同事达成共识，清楚做到什么程度才算把工作高质量完成。这是你对工作任务的思考和落实，否则，你加班加点做完的工作得不到团队和领导认可，自己也会很失落。

第二个方面，进度向上管理。比如，你的项目在推进到一个阶段时，处于等待状态，如果你被动地等待同事配合和领导的下一步指示，这段时间就被浪费了，最后领导会觉得你工作效率不高。这时候，你不妨主动去找同事沟通，找领导汇报，如果领导很忙，你可以找合适的机会向他阐述工作进度，哪怕是电梯里或去茶水间路上碰到，都可以向他汇报你的工作推进到了哪里，是否可以继续往下一个阶段迈进。主动去找领导汇报项目进度，并确认下一步的推进节奏，才能把握整个项目的进度。

第三个方面，借势向上管理。很多时候我们觉得很难办到的事情，可能领导只需要打一通电话或发条信息就轻松搞定。你的人际关系、社会资源和解决问题的办法肯定不如领导多，如果遇到自己真的无法解决的问题，那就请求领导帮助，但不能做"伸手党"，而是要拿出解决方案 A 和 B，并说明问题卡在哪一步，替领导想好处理这件事情的前因后果，他只需要帮你引荐一下，你就会收到事半功倍的效果。

善假于物，学会调动资源，学会借助他人，一起更高效地达成目标。比如，我曾经策划和统筹过一次和大使馆的活动，需要邀请大使馆的领导参加，以我当时的身份出面肯定不合适，我就准备好邀请函、活动简介等一系列材料去找领导，领导只需要以他的名义转发即可。最后，我们成功邀请到了大使馆诸位领导莅临。

做好向上管理，其实就是激发自我、激发领导的过程。就像雕塑家米开朗基罗可以把石头变成艺术珍宝一样，优秀的领导和员工也会成为对方的"雕刻师"，他能看见你的好，了解你想成为什么样的人，持续给你信任、鼓励和支持，让你一点一滴地变成更好的自己。

我们常常以为领导高高在上，自己只需要做好本职工作，不需要与领导有很多沟通和交流。其实，和领导缺乏沟通，会导致与他的工作方式和思维模式出现偏差，问题和差别自然而然也就产生了，比如工作需要全部返工，甚至连续返工好几次，以至于领导觉得你无法领会他的精神。这样不仅很被动，而且工作效率很低，你工作的积极性也备受打击。

要记住：主动出击，主动创造，永远把机会握在自己手上，这样才能掌握人生的主动权。

想一想，如果有一个机会摆在你面前，你将如何把握？

你的潜力无限，别总给自己设限

在我看来，世界上有 3 类人。

第一类是放弃者。这一类人，感觉自己的人生没有好运，就自暴自弃，不想努力了。你对他说要努力，他说没有必要；你对他说还有很多美好的东西值得追求，他说那与自己无关。

第二类是扎营者。这类人会在一些事情上做努力，获得一定的成就，但在得到自己想要的东西之后就不再做其他方面的努力了。

第三类是攀登者。这一类人做事不是为了一个头衔、一个地位，而是为了成就更好的自己，过上理想的生活。

在刚刚生病时，我有一段时间想过放弃，但又不甘心，所以我拼命地努力，好让自己能够开口说话，能正常去上学，能找到一份工作。当我一步步实现之后，我发现自己想成为一名攀登者，把自己活成一束光，用生命影响生命。

你的潜力超乎想象

为了向攀登者看齐，我从来不给自己设限，做了很多挑战生命极限的事情。

大学期间，每一个寒暑假我都没有浪费，要么去看病，要么学一样技能，要么去旅行，总是安排得满满的。这么做也是想挑战一下自己，不给自己偷懒退缩的机会，这样才能把藏得比较深的潜能激发出来。

南方的冬天下一点儿小雪很快就融化了，作为一个土生土长的南方人，我很少见到像北方那样的鹅毛大雪，对滑雪充满了好奇。恰好一个周末，室友们提议大家一起去滑雪，我举双手赞成，一行 4 人开启了人生的第一次滑雪之旅。

我们到了滑雪场，租好了设备，艰难地穿上了衣服、鞋子，戴好帽子、眼镜，拿着滑雪板、雪杖和手套往雪场里走。4 个人都是新手，只好请一位教练。他带着我们进入场地，给我们讲解了如何用脚控制滑板、怎样刹车、摔倒时什么姿势比较安全、摔倒后如何站起来等动作要领，建议我们先在初级滑道上玩一会儿，等熟练了再去中级滑道或高级滑道。就这样，我们 4 位小白自以为差不多了，就分头单枪匹马地上阵了。

刚开始滑的时候，我时刻提醒自己照着教练说的那些动作要领去做，但忽略了一个很关键的问题：刹车需要很强的腿部力量去控制、摔倒后站起来需要用手臂力量支撑，这对我来说难度太大了。不出所料，我的第一次滑行过程可谓"风驰电掣"——径直冲下去了。腿部力量不够，我根本刹不住，一直冲到了雪道的最下面，一屁股坐在了地上。

其实，滑雪运动对我来说并不友好，首先是天气太寒冷，我的手脚一冻就不太灵活，不听使唤；其次，四肢力量不够，这对滑雪来说是个很大的障碍；最后，滑雪运动后会出汗，雪场上风呼呼地刮着，极容易感冒。我想，以后也不会常来了，这一次可一定要把滑雪学会。

失败了几次后，我好像慢慢找到了一点儿感觉，不再用蛮劲，得用点儿巧劲。我找了一个人比较少的地方，把自己的姿势调整好，尽量放慢速度。我按照教练说的发力方法，先尝试刹车，再放开加速，一遍一遍地尝试，终于掌握了其中的技巧。没想到，我竟是4人中最快掌握滑雪技能的，在其他室友还没有滑起来的时候，我已经可以流畅地滑一小段坡度了，教练夸我有运动天赋，感觉还是很棒的。

人生不就是一场体验之旅吗？没试过的总不知道是什么感觉。"难者不会，会者不难"，与其去羡慕别人，不如自己去勇敢尝试，挑战一下自己。

说到挑战极限，激发潜力，那就还得提一下我学习演讲这件事。对我来说，演讲会最大程度地暴露我的缺陷，我曾经拿起话筒就不自觉地颤抖。

我记得第一次上台演讲时，真的特别紧张，从拿到话筒的那一刻，腿就开始发抖，把上台前准备好的内容都忘记了，就那么站在台上，大脑一片空白。但是，我又不能直接下去，心想：不管了，想到哪就说到哪吧。我鼓励自己：ICU 都闯过来了，还怕上台演讲吗？

我没有任何脚本，就随心抒发，把自己的生命故事一点儿一点儿地娓娓道来。还没有讲完，我就听到台下有抽泣声。这时候我才注意到，观众都在聚精会神地聆听我的故事，完全不在乎我言语的不清晰。慢慢地，我就不紧张了，身心都放松了下来，演讲就更加自然顺畅。

对于如何提升演讲水平，很多朋友都会说起演讲的方法和技巧，比如眼神交流、怎么开头、怎么结尾、中间内容怎么把控、时间怎么控制，但是从我多次的实战经验来看，真诚才是关键，是最能打动人心的。

如何激发无限潜力

亲爱的朋友，我们每个人都是一座宝藏，都蕴藏着大自然赐予的巨大潜力，可是很多朋友却难以将潜力激发出来。如果你也想把自己的潜力激发出来，我有几个小方法供你参考，希望能帮到你。

第一，目标决定你将成为什么样的人。

一个人，如果没有目标就没有野心，没有野心就没有追求，没有追求就没有干劲，没有干劲又怎么会有激情呢？所以，你可以为自己制定目标，从阶段性的小目标开始，为你的前行指明方向，不问结果，享受过程。

去参加《妈妈咪呀》节目的录制前，我并没有想过会拿奖，单纯为了分享故事，享受在舞台上的绽放，奖杯是意外收获。能被邀请去参加，也是因为心中一直有一团火在燃烧着，不曾熄灭，终究有一天可以用来照亮生活。

第二，给自己积极的心理暗示。

积极的心理暗示，能把潜力转化为行动的具体方法和路径，能把模糊的想法具体化，也能把复杂的事情简单化，让你有更强大的信心和更坚强的意志力去完成一件事情。

每一次挑战自我之前，我不会向自己传递"这件事情我能行吗？应该很难吧？是不是不适合我？做不到怎么办？"等负面的心理暗示，而是多给自己一些积极向上的心理暗示，比如"这件事情好有意思，我想试一试。ICU 我都进去过了，这还能做不到？不成功也没关系，尝试过就行"。带着这样积极的心理暗示，我每一次挑战的过程不仅不痛苦，还很轻松，结果也往往很好。

第三，凡事多往好处想。

我曾经听过这样一个小故事。有一位秀才要进京赶考，在考试之前他连续做了两个梦，一个是他在墙上种白菜；另一个是他戴着斗笠、打着伞在雨中行走。

秀才觉得这两个梦很奇怪，就和身边的人聊起来。有一个人说："你还是回家吧。高墙上种白菜不是白费劲吗？戴斗笠还打伞不是多此一举吗？"秀才听后觉得好像是这个道理，就立刻回客栈收拾行李去了。

客栈老板见秀才如此匆忙，便问他原因，秀才说了自己的梦和他人的解析，客栈老板一听乐了，说："我觉得你一定要去考。墙上种白菜，不是高种（中）吗？戴斗笠还打伞，不是说明你有双保险吗？"秀才一听，觉得客栈老板说得很有道理，于是打起精神，满怀信心地去参加了考试，果真高中了。

相同的梦，在不同人的解释下，就有两种不同的意味。这说明，如果凡事都先朝着坏处想，那结果极可能是糟糕的，让你感觉人生没有希望；凡事都往好处想，就可能由悲转喜，人生会有不同的机遇。

第四，不给自己设限，扩大舒适圈。

学习犹如逆水行舟，不进则退。如果你想激发自己的潜力，那就要不断扩大自己的舒适圈。也就是说，经过不断学习和练习，慢慢提升自己的能力，进而为自己提供一个更大的舒适圈，让你的人生更自由，活得更舒服。

在扩大自己舒适圈的过程中，不是一次性把半径由 1 扩大到 10，而是由 1 到 2 再到 3……一直到 10 乃至更大。就像我为了让自己能演讲，得先让舌头有力量，我从做压舌训练开始，第一天没变化，第二天没变化，等一个月之后我的舌头能够卷一点儿了。慢慢卷一点儿舌头，就是我的一个舒适圈了。我的第二个舒适圈就是说一些简单的话，第三个是说简单的句子，第四个是说长句，第五个是说一段话。以此类推，慢慢地，我就能上台演讲了。

亲爱的朋友，总而言之，请不要低估自己的潜力，也不要给自己设限，多去尝试不同的事情，让内心的力量完全释放出来吧！

对你来说，最有挑战性的事情是什么？是什么让你不敢去尝试？

持续学习，方能遇见更好的自己

我妈妈朋友的女儿，她有一份很体面的工作，工作内容轻松，每天按时下班，没有工作压力，每月能准时拿工资。她和同事相处融洽，公司的领导对下属也很关心。当然，她每日也过着这种一成不变的生活，我妈妈不止一次在我面前表示，她这份工作真的很不错，没有压力，还能兼顾家庭。

十几年下来，她过得非常轻松，却也没有什么成长与提升。不久前，她赶上了公司调整业务模式，更新管理系统，她的工作内容被人工智能代替了，公司也没有她的一席之地了。

这件事情也启发着我去思考，什么样的工作才是好工作？好工作的标准又有哪些？

在我看来，好工作的标准不仅仅是高工资和缴纳几险几金，也不是一年有很多假期，而是能学到知识与技能、开阔眼界、提升认知，甚至突破圈层。比如我，毕业以后换了好几次工作，最小的公司创业初期只有几个人，最大的公司上万人，我领略了不同老板的行事风格，体验了不同的公司文化，还学了不同行业的知识，自己的人生也变得更加充实。

那么，我们如何才能让自己找到好的工作，成为更好的自己呢？答案很简单，那就是持续学习。那么我们又该向谁学习，学什么呢？以我的经验来看，读万卷书、行万里路、阅无数人是三个比较有效且高效的方式。

读万卷书

书是人类最好的朋友。在书中，你可以发现别人的心迹、思想，发现更多的美，特别是文学名著，不但能陶冶情操，更能提高人的修养。

三国时期，东吴有个大将叫吕蒙，小时候家里穷，没怎么读书，但练就了一身武艺。后来，吕蒙随孙策南征北战，以胆气勇猛为人所知，但他胸无点墨，更谈不上是文韬武略之才，他嘴边还时常挂着一句："吾乃一介武夫，读那劳什子书干什么？"

后来，孙权执掌东吴，看到吕蒙经常因为读书少而闹出笑话，就对他说："你现在掌管着国家大事，应当多读点儿书。"吕蒙却以事务多来推脱。孙权佯怒道："我还经常读书呢，难道你比我还忙吗？"吕蒙听后，羞愧不已，从此开始认真读起书来。

经过长时间的学习，吕蒙慢慢在文化水平方面有了长足的进步，超过了其他很多将领。有一次，鲁肃要与吕蒙商议一些事情，谈话之间吕蒙的一些见解让鲁肃听后大为称赞，还直言吕蒙日后必为江东良将。

这就是读书与不读书的区别，不读书的吕蒙是一介武夫，是个大老粗；而读书后的吕蒙看上去文质彬彬，在谋略、学识等方面都有了脱胎换骨的变化。

读书，是实现自我成长成本最低的一种方式。

行万里路

去不同的地方旅行，能开阔你的眼界，可以在不同风俗文化的碰撞中不断反思自己。当你看到生活的千姿百态，懂得人生不是只有几种活法，你的人生就不会过得纠结、狭隘、拧巴。每年给自己留出旅行经费，至少一年要去一个地方，好好工作的目的是更好地生活。

记得我去泰国旅行时，了解了当地人的收入水平，普通老百姓一天大概赚三五十元，但却很满足，活得很开心。坐大巴车的时候，我见到有些司机会光着脚开车，怕把新车弄脏，晚上舍不得住酒店就睡在车上，舍不得吃饭就带几个饼，却会把车打扫得很干净，而且服务态度超级好，很有职业素养，给他20泰铢小费，都很感恩。

去欧洲旅行，也打开了我的眼界，原来摩纳哥的富豪站在自家阳台上就可以看赛车比赛，出门聚会开个游艇就走了；原来戛纳走红毯的地方有一面是朝着一排排棕榈树和大海的。

在一些国家，即使是低收入人群，他们也会开心地生活，依然会去草坪上晒太阳，去海边看日出，去喝便宜点儿的咖啡，晚上也会去酒吧喝一杯，在他们脸上看不到焦虑和紧张，即使是站在便利店门口的乞丐，也面带微笑祝福你拥有美好的一天。他们没有忘记享受生活，没有忽略身边的美好。

其实，身边很多美好的东西都是免费的，阳光、蓝天、白云、新鲜空气、公园里美丽的花花草草、一个不经意的甜美微笑、一句真诚的赞美、一个大大的拥抱，这些免费的美好东西常常被我们忽略。

2019 年 4 月 15 日，法国巴黎圣母院发生严重火灾。这则消息令人心痛，96 米的塔楼，无与伦比的拥有 800 多年历史的建筑，就这样在无情的大火中轰然崩塌。略感欣慰的是，我曾亲眼见证了保留完好的巴黎圣母院，这得益于我爱旅行。当人老了回首往事时，不太会因为做过什么而后悔，而会因为没有做什么而后悔。想做就去做，少一些让自己后悔的事，才不枉此生。

旅行，不只是让身体在路上，心灵也在受洗涤。清新的空气、蔚蓝色的天空、壮丽的山河、广阔的大草原……我的心胸变得开阔了，发现了更多的美。我感受到了不同文化之下不同的精神信仰，内心变得更加充盈，更懂得"和而不同"的深义。

阅无数人

去无数的地方，自然就会遇到无数的事情、见到无数的人以及无数记忆深刻的场景。在佛罗伦萨广场找厕所的经历，让我记忆犹新。

国外很多地方没有或极少有公共厕所，一般情况下都是去附近咖啡店或餐厅借用一下洗手间。

一天，我想去咖啡店借用一下洗手间，但当时还没有到营业时间，老板正在擦杯子。我和他表明来意后，他爽快地点头说了 Yes，我心想这老板真善良。没想到，他紧接着来了一句："你要买一杯咖啡才能用洗手间。"但当时我并不太想喝咖啡，于是对老板说不要做咖啡，我付给你钱，就上个洗手间。那是一次昂贵的卫生间体验。

港口城市那不勒斯，是我熟悉的地方，进出口货物通过这个港口。那不勒斯市中心有一家非常有名的咖啡厅，我发现了一个有意思的现象：喝咖啡有两种桌子，一种是高脚桌，没有座位，很多人站着喝咖啡，围着桌子聊得热火朝天；另一种是沙发桌椅，可以坐着悠闲自得地品味咖啡。后来我才知道，站着喝咖啡和坐着喝咖啡的价格不一样，同样的咖啡，站着喝比坐着喝便宜几欧元。原来，没有人在乎面子，更在意自己是否舒服，再根据自己的真实需求做选择。

给我们开车的司机，是一个大腹便便的捷克壮汉，高速上开 2 小时必须休息一下。一休息他就去休息站点一杯咖啡加一份甜点，一路上休息几次就悠闲地喝几杯咖啡。

对他们来说，职业仅仅是一份工作而已，享受生活才是头等大事。这个特点，我早在意大利公司上班时就发现了，那时，一旦快要下班或节假日放假、圣诞节前后以及他们自己休假，我根本联系不到意大利人，再十万火急的事情也不能影响他们休假，似乎天塌下来都没有享受生活重要。

有一次圣诞前夕，我们公司进口的一集装箱货清关时有一点儿问题，需要和意大利那边的负责人联系，我打电话、发电子邮件、即时通信软件留言等所有方式都试过了，愣是一个人影也找不到，急得我脑门冒汗。中国和意大利有 6 小时的时差，当时还没到放假时间，我就想着总有一个人会偶尔看一下手机或留言吧，那天晚上我就在公司计算机和电话前等着，让其他同事回去了，守了一夜，也打了一夜电话，竟没有一个人回复，最后还是自己想办法解决了问题。

他们的生活怎么就那么随心所欲、那么注重享受，一丁点儿也不着急呢？那一夜也引起了我的反思。

我们可以中和一下，不用那么慢，但也不要总是把日子过得紧张分分的。

生活中有很多美好，别总是让自己紧绷绷的，学会给自己的心灵松松绑，别让自己的心布满皱纹。

想一想，你让自己持续学习的动力是什么？有哪些好用的方法？

第四章

生活原本沉闷，
但跑起来就会有风

循此苦旅，以达天际。
穿越逆境，直抵繁星。

——拉丁谚语

接纳缺憾，挺身向前，迎接瑰丽人生

杨绛先生说："上苍不会将所有的幸福集中到某个人的身上，得到了爱情未必拥有金钱，拥有金钱未必拥有快乐；得到了快乐未必拥有健康，拥有健康未必一切都如愿以偿。"

我特别赞同杨绛先生的说法。仔细观察身边的朋友、亲戚、同事，是不是家家都有一本难念的经？有的家庭经济实力非常雄厚，可家人不相爱，孩子不争气；有的家庭虽然贫穷，一家人却其乐融融，孩子学习优秀。老天是公平的，不会把所有美好都给予同一个人或同一个家庭。

尺有所短，寸有所长，世界上本没有十全十美的人和称心如意的事。所谓的完美，只不过是人的一种追求而已，有缺憾的人生也是另一种完美。

人无完人，事无完美

人无完人，事无完美，再珍贵的玉石也有瑕疵，再美丽的人也有缺点。

　　想必大家对我国古代的四大美女都耳熟能详，每一位都拥有倾国倾城的美貌，她们美得"闭月、羞花、沉鱼、落雁"，在众人眼里堪称完美的典范。但是，谁又能想到，她们也有缺陷呢？只不过，她们都找到了适合自己的方式遮蔽缺陷，更难能可贵的是，还把缺陷变成了自己的特色和亮点。

　　貂蝉是三国时期的美女，她拥有"闭月"的美貌。据说，貂蝉在月夜祈福时，月亮被她的容貌惊艳，竟悄悄地躲在了云朵后面。貂蝉虽是倾国倾城的美人，但她却认为自己也有一个缺点，那就是耳朵非常小。为了掩盖这个"缺点"，聪明的她总是佩戴各种大耳环。

　　杨贵妃，即杨玉环，是唐玄宗的宠妃，有"羞花"之称。唐代著名大诗人李白曾写诗赞美她："云想衣裳花想容，春风拂槛露华浓"。然而，她也存在一个难以启齿的缺陷——狐臭。为了遮盖狐臭，杨玉环经常泡温泉。据说，杨玉环在泡温泉时，仆人会准备大量的沐浴香氛。除了泡温泉之外，杨玉环还会随身佩戴香囊。

　　西施是春秋末期的美女，当年她在溪边浣纱时，小溪里的鱼儿看见她的美貌后，便沉入了溪底。拥有"沉鱼"美称的西施也存在"不足"，那就是她有一双大脚。在古代，大家都以小脚为美，因此西施总会穿一条长裙。此外，西施亲自制作了很多木鞋，还在木鞋上挂满了铃铛。此举不仅掩盖了西施的缺点，甚至还为其增添了许多魅力。

　　西汉美女王昭君在赶往塞外的途中，在马上弹奏了一首悲伤的曲子。南飞的大雁被曲子吸引，转而看见了王昭君，随即被她的美貌震惊，以至于忘记扇动翅膀而从空中落下，因此，昭君得名"落雁"。她的生理缺陷是高低肩、窄肩和长短腿。因此，王昭君经常身着一件斗篷，这不仅能够修饰肩膀，还能够遮挡腿部的缺陷。

其实，每个人都或多或少会有缺陷，只是有些显而易见，有些比较隐晦。

我见到过一些四肢健全但认知不足的朋友，会暗自嘲笑甚至歧视有身体障碍的朋友，却不知道他们早已经有"心理缺陷"了，而且这是一种比身体缺陷更可怕的缺陷。因为身体缺陷要么是意外导致的，要么是无法控制、不能选择的，但只要接受了这个缺陷依然可以向阳而生。但心灵有缺陷了，事态往往严重得多，治愈难度大得多，危害范围广得多。

允许别人也允许自己

如果我们过度干预别人的生活道路，可能会对别人产生负面的影响。现在比较流行这样一句话，"允许别人做别人"，通俗来说，就是不试图改变别人的想法与观点，不干涉别人的活法，要有足够大的包容度，善解人意，这在某种意义上也是一种接纳。

我们都曾看不惯一些人，不理解他们的一些选择，不喜欢他们的一些行为方式，但随着时间的推移和自我内心的成熟，我们要试着去允许、去接纳，更要试着以最大限度的宽容去理解不同人的不同生活方式。

我找到的第一份工作，因为薪水极低，所以我只能和别人一起挤在一间廉价的8人间学生公寓里，条件简陋至极。可想而知，八个人住在一个十几平方米的房间里，只能放下4张上下铺的床和一张桌子，除此之外就是满屋子的衣服。室友来自全国各地，生活习惯截然不同，有的室友不收拾屋子，衣服乱堆乱放，垃圾不及时清理，把公共环境弄得一团糟，导致屋里经常有蟑螂出没；还有的室友是"夜猫子"，晚上不睡觉，"煲电话粥"，影响别人休息；还有人因在房间里吃榴梿而引起争吵；更让人无法忍受的是公用厕所，因为没有隔断，清洁不到位，通风不畅，走在阴暗的走廊里都可以闻到刺鼻的气味，每次都只能屏住呼吸，赶紧一路小跑回到宿舍。

每次回宿舍前，我都给自己做心理建设：忍他人不能忍，才能享受他人享不了的福。如果不能把这份苦啃下来，就没办法熬出头。那一段集体生活，把我的包容度磨到了极限。

经历的事情多了，我也慢慢知道了，每个人的出身不同，受教育的程度不同，所走的路不同，对生活的态度就会不同，价值观也会不同。选择并没有好坏优劣之分，你能做的只有尊重和包容，允许自己做自己，允许他人做他人。也就是说，我们需要关注自己的内心需求，并通过积极探索自我来实现自我价值；同时，我们也应该尊重他人的生活方式和选择，这样社会大环境才会更加和谐、包容和富有创造性。这是一种非常重要的生活哲学。

经历缺憾，或许人生更完美

月有圆缺，但正是因为有了缺，才慢慢走向了圆。人又何尝不是，没有经历过缺憾，人生如何得以完美。

著名音乐家贝多芬一生创作了那么多优秀的作品，却也经历了一些缺憾。在 20 岁时，他的听力出现了问题，由于当时的医学技术有限，他没有得到有效的治疗。随着年龄的增长，他的听力逐渐恶化，直到彻底失聪。

失去听力，无疑是作曲家的最大缺憾，人们认为他的创作天赋也会随之消失。但事实正相反。失聪反而提升了他其他感官的灵敏度，比如视觉和触觉。他也没有因为缺憾而变得消极悲观，而是懂得了珍惜自己的时间和精力，在创作过程中更加专注、努力，并开始尝试新的作曲方式，用独特的方式表达自己的想法和情感，使乐曲变得更加内敛、深邃，还充满了昂扬向上的力量，激励人们前行、为梦想而努力。

这是很多人始料未及的，致命的缺陷成就了贝多芬更加完美的人生。贝多芬成了历史上最伟大的音乐家之一，音乐作品传遍全世界，深深地影响了后人。

反观我自己，在工作和生活中，语言表达是多么不可或缺的一项技能，这确实是我的一个重大缺陷。但是，我也没有消极悲观，而是充分发挥其他感官的能力，比如更注意观察、聆听、思考和写作，也更用心地去感受生活和生命。

善于观察、用心聆听、喜欢思考和感受生活，都对写作有很大的帮助。如果不是因为有这段特殊的经历，我想我也不会写文章，不会和大家分享我的故事，朋友们也就不会看到我的作品了。

人有悲欢离合，月有阴晴圆缺，此事古难全。只有经历过缺憾，才能从无知一步步走向成熟，激发身体里的无限潜能，让内心更强大，这样的人生或许更加完美。

想一下，你有哪些缺憾？你是怎么慢慢接受它们的？

掌控边界感，亲疏有度，远近相安

与人相处的过程中，有一些注意事项，比如不在个矮的人面前讨论身高问题，不在胖子面前讨论身材，不在单身的人面前讨论二人世界，不在没有孩子的家庭面前讨论孩子。这不仅是一种教养，也是一种常识和边界。

其实，我们和父母、和爱人，以及和孩子，都要有清晰的边界。因为，边界感模糊，不仅不利于人际关系的和谐，也会让你丢掉一些重要的关系，留下一些不必要的遗憾，得不偿失。

拿捏分寸，把握火候

每个人都有自己的隐私空间和个人喜好，在关系中，有些朋友因为没有分寸感而给对方带来困扰或不适，也会因为没有分寸感而让彼此关系变得不好。其实，谁都不愿意自己的私人领域被侵犯，这就要求你有边界意识，掌握好边界的度。

其实，在某个阶段，我对边界的意识并不强，度也把握不好，总是闹出一些笑话。慢慢地，我试着从以下几个方面做出调整，让关系变好了很多。

第一，尊重对方的工作圈和生活圈。

尊重对方的穿戴、对方的口音、对方的行为方式。记得我们小时候上学，有些老师会有比较浓的口音，调皮的同学就会给老师起外号或者在背后嘲笑老师。其实，这是非常不礼貌的行为，但因为是孩子不懂事，可以谅解，如果成年人还在背后议论别人的工作、生活或口音问题，就有失边界。

第二，不轻易评价他人喜好。

《庄子》里有句话，对谁都适用："子非鱼，安知鱼之乐？"生活中，并不是谁都有条件活得轻松自在，对别人不了解、不理解就不要随意开口。你可以知人，但不要轻易评人，这是与人交往时的一份克制，也是一份根植于心的善意。生活是我们每个人自己的，如人饮水，冷暖自知，别人无权干涉和指摘。

第三，不要打听别人的隐私。

不要向同事、朋友、同学打听某某的收入情况、婚恋情况、职位情况。你放心，你的打听迟早会传到对方耳朵里。如果别人不主动和你说起，这些都和你无关，不问就没事，问了就是一种冒犯，对方可能会渐渐疏远你，没有人喜欢被人八卦自己的隐私或嚼自己的舌根。如果你不喜欢，你不需要支持他，也不需要认同他，更没必要批评指责他。

第四，不轻易发语音和打语音电话。

不确定对方所属的环境，不要轻易打语音电话，可以先发信息确认，有必要再打语音或电话，突如其来的一个电话，会打乱别人的节奏，结果说的事情又不怎么重要，就会干扰到别人的工作和生活。能够用简单的文字说明就不要用语音，特别是对地位比你高的人，更不能用语音。

第五，适当保持距离。

即使对待关系不错的朋友，也要学会保持适当的距离，遇到对方有事情需要安慰，也要把握分寸，不要刨根问底，如果别人告诉你身体不好或情绪不好，不要一直追问人家到底怎么了，那可能涉及别人的隐私，不想对外人说。你是出于好意询问，反而让人尴尬。

守护自己的心理边界

在尊重别人、保护别人边界的同时，我们也要守护好自己的心理边界。但是，有些朋友习惯了一味忍让，让别人以为他们是没有底线和原则的人。忍让的时间越长，边界就越模糊，改变就越难，别人对你就越肆无忌惮。

那么怎样才能保护好自己的心理边界，不让别人有得寸进尺的机会呢？

首先，当你感觉对方的语言和行为会触碰到你的心理底线时，可以给对方一些提示，让对方意识到自己已经越界了，对方可能就不会再进一步冒犯你了。比如，有个男生问你的体重或年龄，你觉得受到冒犯，可以提示他这是一个禁忌话题，以此来避免一些尴尬的场面。

其次，你要有自己的原则与底线，不要把自己培养成一个"软柿子"，谁都可以捏一捏。当有人侵犯了你的底线与原则时，就要把自己的想法说出来或直接回击。就像当别人用异样的眼光看我时，我就把自己的感受表达出来，要么用语言，要么用行为，对方就不再越界了。

除了以上两点，你还要学会允许自己拒绝。很多时候，你不敢拒绝不是因为仁慈，而是因为懦弱，不愿意和对方发生不愉快或冲突。比如，很多父母看着孩子无理取闹，尽管感觉很压抑，很不满，但说一个"不"字似乎更难。又比如别人邀请你参加一个无聊透顶的社交活动，你一点儿也不想去，那就坚决不去，但说话要委婉点儿，给对方留足面子。

无论何种关系，保持合适的距离，明晰自己的边界，才能活得简单，活得轻松自在。

亲爱的朋友，你还记得自己做过的最没有边界感的事情是什么吗？你又是如何化解的？

与情绪和平相处，让关系更有温度

很多朋友都遇到过这样的情况。忙了一整天，非常想吃火锅犒劳一下辛苦的自己，点好外卖之后，等了好久都不到，原来外卖被偷了；写稿子的时候刚刚有了一点灵感，准备好好创作一番，突然被一个同事打断；好不容易策划了一个选题内容，交给领导，又被要求左一遍右一遍地修改……

遇到这样的情况，是不是很生气？

的确，每天能让我们生气的事情有很多，但我们能时时生气、事事生气吗？当然不能。

有情绪是人的本能

衡量一个人是否成熟，有很多标准，其中很重要的一点就是看他能否和自己的情绪和平相处。

人的每一个决策和选择，都是动物本能和理性本能互相博弈的结果，情绪就像我们身体里凶猛的怪兽，它张牙舞爪、横冲直撞，常常令我们难以招架。但是，我们要有方法、有办法、有本领把它控制住，对自己温和一点，对他人温和一点，关系才会更有温度。

南非总统曼德拉的一生极不平凡。在被监禁的 20 多年里，他受尽了屈辱，但他仍坚持每天锻炼身体，在牢房中跑步、做俯卧撑，就是希望自己有一个健康强壮的身体。

72 岁出狱后，曼德拉在自传里写道："当我走出囚室迈向通往自由的监狱大门时，我已经清楚地意识到，自己若不能把痛苦与怨恨留在身后，那么其实我仍然生活在监狱中。"

一个人心灵的监狱，远比身体的监狱可怕。焦虑、恐惧、愤怒本身并不可怕，可怕的是你不清楚自己处在这种情绪状态之下，被它们团团包住、被控制住了。你要做的应该是接纳当下的情况，弄清楚现状，无论是感到痛苦、悲伤、焦虑、恐惧还是愤怒，都要了解内心的感受，这样才知道如何转化它们，才能调整心态，控制情绪。

管理情绪需要一定的智慧，产生情绪反应的不是事情本身，而是我们对这件事的思考。首先，你要能察觉自己的情绪变化，最简单的方法就是数一下自己的心跳，一分钟超过100 次，你就需要给自己释放压力。比如，深呼吸、慢慢吸气、慢慢呼气，反复 3～5次，就会让心率慢慢降下来。然后，我们去接纳它，看清它，最后控制住它，积极地去解决问题。

管理好情绪才是本事

每个人都有情绪，也都会因为控制不住情绪而发脾气，这是人的本能。但管理好情绪才是本事。

奥里森·马登在《一生的资本》中写道："任何时候，一个人都不应该做自己情绪的奴隶，不应该使一切行动都受制于自己的情绪，而应该反过来控制情绪。无论情况多么糟糕，都应该努力去支配自己的环境，把自己从黑暗中拯救出来。"

一个人能不能控制自己的情绪，将会产生截然不同的结局。不能控制自己情绪的人，总是令自己陷入被动、尴尬的环境；能控制情绪的人，总是能化被动为主动，扭转局面。

那么，我们应该如何修炼控制情绪的本领呢？这里我有几点小建议，希望能帮到你。

一是暂停激烈的对话，平复一下心情。

当你因为一些事情和别人争吵时，不要让负面情绪占据上风，因为这样只会让事情升级、关系恶化，并让你失去理智。这时要终止对话，让两个人都安静下来，想一想因为什么在吵，吵架有没有让事情得到解决等。当负面情绪逐渐褪去，理智占据上风时，才更有利于事情的解决与处理。

二是有意识地转移话题或分散注意力。

当发觉自己的情绪激动起来时，为了避免爆发，可以有意识地转移话题或做点儿别的事情来分散自己的注意力，把思绪转移到其他活动上，使紧张的情绪松弛下来。比如，迅速离开现场，去干别的事情，找人谈谈心、散散步，或者找个合适的场地去奔跑，将由盛怒激发出来的能量释放出来，如此心情才会平静下来。

我在辅导女儿做功课的时候，经常会控制不住地发脾气，每次发完脾气都会自责。为了控制自己的情绪，我买了"解压神器"，每当要发脾气时就捏一下它，提醒自己："淡定。"再捏几下，心情会得到一定的缓解。还有的时候，我感觉自己快要气炸了，就跑到厨房去喝点儿水，或者去楼下走几圈，吹吹冷风，把要爆发出来的火及时扑灭。

三是用自我疏导的方式来化解。

想发脾气时，马上问自己："我为什么要发脾气呢？我发脾气能解决什么问题吗？把自己的想法或做法平静地告诉别人不是更好吗？"不断地实践与练习，就可以帮你让浮躁的、冲动的心静下来。特别是在职场，我们要尽可能不和同事、领导以及其他有交集的人发生正面冲突，一旦有冲突，裂痕是很难消除的，要多用点儿智慧去化解。

最后，我想强调两个观点：

第一，发脾气是本能，控制脾气才是本事；

第二，如果你是对的，没必要发脾气；如果你是错的，没资格发脾气。

那么，亲爱的朋友，请你回想一下，在你的人际交往中，因为没控制住情绪造成的最尴尬的事是什么？

做好断舍离，给美好留出空间

"断舍离"概念的提出者山下英子曾说："表面看，断舍离是一种家居整理收纳的方法，但从深层来看，它更是一种活在当下的人生整理观。"也就是说，断舍离是一种做减法的观念，不仅是一种整理收纳物品的方法，更是一种处理关系的智慧，能让自己从纷繁复杂的事物中解脱。

断舍离是一种智慧

对于断舍离，还有其他不同的理解。

断，断掉苦闷、烦恼、焦虑等，断掉自己内在的所有不开心和痛苦。这是和自己的关系断。

舍，就是舍弃，把不需要的物品统统捐赠或丢弃，这是舍弃与物的关系。

离，离开消耗你能量的人和那些无效社交，离开长期陷入负面情绪的人和唯利是图的人，离开你觉得不是你真正朋友的人和待在一起不舒服的人，这是离开自己与他人的关系。

我看过一个视频，博主先问"你有没有特别招人讨厌的亲戚"，然后说了一下自己的经历。博主特别不喜欢自己的小姑子，她们俩一起带孩子去老人家里做客，博主不允许孩子玩手机，小姑子就会对博主的孩子说："哎哟，真可怜，连手机都不给你玩，你妈妈对你这么不好呀。"三次之后，博主直接拉黑了小姑子的微信，此生不再来往。这位博主很有勇气，我也很佩服她，毕竟不是所有人都有底气拉黑关系比较近的亲戚，并且不再来往。

其实，仔细想想，是不是所有亲朋好友都值得你来往呢？我觉得，我们不大可能和每一位亲戚朋友都相处融洽，敢于放弃一段亲情或友谊，不是道德问题，很大层面是你的发展、你的认知、你的进步超过了他们，而他们不仅不前进，相反还见不得你好，甚至想拉你下水，那就没有再继续交往的必要了。

我们判断是否远离某个人的标准，并不是我们从小一起长大的、做同学多少年了、父母都是好朋友等，而应该是我们是不是有共同的价值观、是不是能够彼此滋养、是不是可以共同进步成长。总结下来，核心标准就是，他是否在消耗你。

比方说，我年轻时希望认识更多的朋友，就热衷于参加各种聚会和社交活动。微信加一大堆朋友，后来并没有什么联系，看微信名根本想不起谁是谁，即使这样也舍不得删掉；还有的时候，为了合群，我会忙于参加各种活动，把自己弄得疲惫不堪，谁的邀请都不好婉言拒绝，感觉见了谁都很熟，自认为是社交高手，但是真的遇到事情了，似乎发现跟谁都没那么熟，需要帮忙也开不了口。

其实，合群的本质是牺牲，牺牲你的个性、真实、自在和时间等，我们没必要刻意这样做。我们可以把时间和精力更多地花在提升自己上，让自己变得更强大，做更真实的自己。随着年龄增长，特别是做了妈妈以后，我才发现时间变得这么宝贵，要留出陪伴孩子的时间、自我成长的时间、和家人相处的时间，自然就不想去参加那些无效社交活动，也不愿意去见可见可不见的朋友，凡是让人不舒服的环境都不想去了。正如余华在《在细雨中呼喊》中写道的："我不再装模作样地拥有很多朋友，而是回到了孤单之中，以真正的我开始了独自的生活。有时我也会因为寂寞而难以忍受空虚的折磨，但我宁愿以这样的方式来维护自己的自尊，也不愿以耻辱为代价换取那种表面的朋友。"

舍弃不必要的关系

对于很多朋友来说，舍弃一段关系可能比较难，那么可以学着以自己为中心，多注重自己的感受，从为自己的想法、言谈、行为做减法开始做起。

首先，舍弃"认识的人多等于人际关系广"的想法。

我刚刚进入社会时，以为多认识一些人、多结交不同领域的朋友，就等于有了更广的人际关系，以此来增加自己的安全感。然而，我慢慢发现，通过参加聚会、交换名片换来的人际关系，只是给自己营造一种"认识很多人"的错觉，真的有事需要相求于人时，自己都没有勇气拨打那些电话号码，甚至盯着微信名看很久，都记不起是在哪里相识的。

所以，我们应该先把长期盘踞在自己脑海中的"认识的人多等于人际关系广"的想法去除，不要再花费大量心思去经营无谓的人际关系，把省下来的精力花在值得的人、值得的事情上。比如，多和在关键时候向你伸出援手的人相处，或者在休闲时间发展自己的兴趣爱好。

其次，舍掉"时刻都应该顾及他人"的念头。

有一段时间，我在人群中说话时会脸红，常常有些话到嘴边又咽了下去，生怕别人觉得自己不好，怕有些话说出来会让对方尴尬。有一次，我鼓足勇气表达了想法，感觉自己一下子从封闭的自我意识和羞耻意识中解放了出来。我也真正意识到，与人交谈并不是什么可怕的事情，没必要时刻顾及他人的想法。

后来，我慢慢调整自己，当我想了解什么事情时会直接请教对方，遇到不懂的问题时会直接问，有不同观点时，我也会委婉表达。

最后，扔掉无谓的客套话。

我是一个不会吝啬赞美之词的人，但也绝不说虚假的客套话。

我认为，在与人交往的过程中，真诚永远比虚伪的夸赞更能赢得朋友的信任。而且，你说话是否真诚，对方是可以感觉到的。

如何做到真诚呢？赞美的时候不要假大空，而要真实、详细、具体。比如，"你今天的穿搭很美""你的气质很好""你这个方案做得好棒"等话，听起来是在夸赞，但感觉很泛，无法契合对方内心的需求点。你可以说，"你今天这件衣服的颜色和这个场合很契合，穿出了清新的感觉""你的方案在细节方面把握得很好，内容策划也很有新意"，这样的夸赞，就是带着细节的，对方也能从你的言语中感受到你的真诚。

所以，请不要吝惜你的赞美之词，去大胆地表达吧。

断舍离的本质在于整理关系，在注意方式和分寸的同时该断就断，当机立断，你就不会因此而痛苦了。

亲爱的朋友，你不妨问问自己：身边最想舍弃但又很纠结的那个人是谁？为什么想断又断不掉？

跑好人生的龙套，做自己的贵人

持续跑好人生的"龙套"

人这一生中，最大的运气不是买彩票中了奖，不是一夜暴富，不是"天上掉馅饼"，而是有贵人把你引向更高的平台。

什么是贵人呢？是在你身处逆境时，能雪中送炭，帮你走出困境的人；是在你低迷无助时，能将你唤醒，帮你找到自身价值的人；是在你独自摸索时，能指点迷津，帮你找到前进方向的人。

怎样才能让自己遇到贵人呢？曾经有一位前辈对我说，所有原始的成功，都是坚持不懈努力地跑龙套，直到时机成熟，遇见贵人，一飞冲天。这让我想起了著名演员成龙的故事。

成龙擅长武术，刚入行时在剧组做武打替身，拍摄各种打斗镜头，那时候拍武打戏还没有现在这么强大的特效，基本都是真人实拍，他每次都会全身心地投入，几乎是豁出性命在拍摄，身上几乎没有不受伤的地方。慢慢地，成龙从跑龙套的小角色，一步步成为家喻户晓的演员，并在大荧幕上奉献了很多经典角色。

通过他的故事，透过他饰演的角色，我明白了：要想遇到自己的伯乐，必须先让自己成为一匹千里马。但在这之前，你可能只是一些小角色，做一些琐碎的事情，但要认真专注、持续不断地跑好人生的龙套，才能遇到人生的贵人。

我也不断地回想自己的经历，发现虽然经历了一些磨难，但也并不都是坏事。它们磨砺了我的性格，锻炼了我的忍耐力，也培养了我的意志力，而我则一路跌跌撞撞从未停歇过，一直在为自己的人生"跑龙套"，朝着更好的自己前进。

是金子在哪里都会发光

闲暇之余，我时常会思考遇见贵人的事，发现有些人一直在不断遇见贵人，而有些人则很少遇见贵人。多方观察之后，我得出了一个结论：遇见贵人不是靠运气，而是有方法的。那就是，你必须先把自己变成自己的贵人，才能被贵人看见，才会被贵人提携。

朋友的小区比较大，之前有好几家快递都可以送货上门，后来有一阵子，需要大家出大门取快递。其中，有一家快递的小伙子态度热情，每天脸上都挂着真诚且灿烂的微笑，寒冷的冬天他总是第一个在小区大门口把快递整理摆放好，当有人取快递时，他总能以最快的速度找到快递，并且记住每个人的名字，你只要往那儿一站，不用开口，他就可以把你的快递给你。

如果你有事回来晚了，那个小伙子也会多留一会儿等你，毫无怨言。有什么事情需要他帮忙，小伙子也很乐意，小区的人都高度赞扬这个小伙子。后来，我那位朋友很久没看见那个快递小伙子，一打听才知道，小区里某位老板业主听家人说起这个快递小伙子的故事，正好他们公司要招人，便给了快递小伙子一个从基层做起的机会，他的命运发生了转折。

人生，就是一场盛大的遇见，遇见一位贵人，是一生最大的运气。遇到了贵人，还要做好两个字——"会跟"。跟对人，最终成为一个更有光芒的人。具体怎么跟呢？就像那位快递小伙子一样，把自己的状态调整好，做好自己的工作，真诚友好地对待身边每个人，不小瞧任何一个人，让更多的人看到你的光芒。

真正的贵人是你自己

我看过一个报道：有一个孩子，14个月大时不幸从楼梯上摔下来，摔残了一条腿。因为残障，童年时，他遭到了同龄人的嘲笑。后来，他骑车摔伤了手臂，膝盖也受了重伤，13岁时掉进下水道，差点儿窒息而死。再后来，他又出了车祸，家人相继离世，周围的人都把他当作怪物看待，没有人愿意和他接触，觉得晦气。但是，他虽然一生遭遇无数灾难，脸上却从来不会出现乌云，快乐地活到了七八十岁。他说，都经历了这么多磨难的洗礼，还有什么可畏惧的呢？

其实，我们这一生难免会遇到大大小小的挫折和困难，但走出来的关键还在于你自己，因为别人给你的都是建议和帮助，最终还是得靠你自己的行动。所以，我一直认为，对一个人来说，真正的贵人是自己。

但是，成为自己的贵人，仅靠智商肯定不够，智商和情商双高看起来很不错，可还缺一样，那就是逆商。因为，你并不知道贵人何时出现，在哪儿出现，这段时间会一帆风顺还是命运多舛。但是，无论挫折和困难何时出现、在哪儿出现，程度如何，拥有了逆商就有了可以逆风翻盘的可能。

如果你身处逆境，不能快速调整振作起来，遇见机遇的概率就会低一些。所以，你遇到困难时，要在战略上藐视它，战术上重视它。遇到困难，要尝试着去拆解，把它拆成自己有办法解决的小问题。比如，今天你要完成一个新的任务，但是这对你来说有点难度，那你就先拆解它，把它拆成若干小任务，各个击破去完成。

在把难题解决后，要放大快乐，犒劳自己。比如解决困难后，适当地给自己一些物质或精神的奖励，为自己买一束花，看一场期待已久的电影，买一件喜欢的衣服，吃一顿大餐或来一场说走就走的旅行，都是不错的选择。

如果你感到极其郁闷，在北京的朋友可以感受一下北京地铁早高峰的天通苑站和西直门站，看看人与人如何摩肩接踵，一眼看不到头的各色各样的人们都在奔生活，你的烦恼可能瞬间就被分散了，苦难也渺小了。

生活中的悲伤和快乐，就像硬币的两面，不要只盯着问题，任由消极心理防御机制占据高地，而要积极地去面对，看到事情好的一面，这样你就不会丧失生活的主动性了。心理韧劲强的人，往往都是自己的贵人，能迅速把挫折变成机遇。愿我们每个人都能成为自己的贵人。

想一想，你在遇到挫折或困难的时候，是积极面对，还是消极逃避？

Chapter 5

第五章

全心全意爱自己，
全力以赴爱家人

在隆冬，我终于知道了，
我身上有一个不可战胜的夏天。

——加缪

父母，赐你重新出发的胆气

血缘关系是伴随我们一生的最重要的关系，也是你无论如何也摆脱不掉的关系，牢不可破、坚不可摧。

我们由血缘来到这个世上，由这一纽带连接起来的人，感情往往更加深厚，生活在血脉相连的家庭环境中，可以感受到父母及兄弟姐妹的关怀，相互照应。

大家常用"血浓于水"这样的词表达一家人的亲密无间，也经常用它来激励一个"大家庭"的内部凝聚力，无论我们是否天各一方，身在何处，一旦遇到事情，我们都可以团结一致，互相帮助，互相照顾。

曾经有朋友问我，对家的理解是什么？我想，每个人都会有自己对家的理解，但这些理解应该会有一个共通点——家是心灵深处的港湾，是不管经历多大风浪都可以感受到温暖的地方。

有家人的地方就是家，有家的地方就有爱，爱可以穿透一切文化、一切语言和一切障碍，成为最大的疗愈力量，无条件的爱可以治愈人生一切的痛。

生病后，家人是我最坚强的后盾

温暖的家，能给孩子撑腰；妈妈的爱，可以给孩子巨大的勇气。

我们"80后"那一代人大部分是独生子女，我们的父母传统、淳朴，不会称呼我们"宝贝、亲爱的"，也不会见面时拥抱我们，大多时候是把爱隐藏在行动之中。

小时候的夏天，是我最能感到幸福的时候。在那个物质条件不丰富的年代，妈妈的单位每周会发一次冰淇淋，她舍不得吃，用塑料袋层层包裹带回家给我吃，等她下班骑摩托车回到家，冰淇淋已经化了一大半，但我依然吃得很开心，那是妈妈表达她爱我的方式。

在我生病之后，妈妈第一个发现了我的异常，她义无反顾地带我去看病。当时妈妈说的话我到现在依然清晰地记得："就算砸锅卖铁也要给你看病，不行就卖房子。"我们家最值钱的就是唯一的房子，尽管还背着贷款。但那句话确实给了我信心和底气，她让我知道，不管怎样，她都不会放弃我，这种无条件的爱给了我很大的治愈力量。

在治疗的过程中，我见过很多生病的小孩被迫放弃治疗。在合肥住院时，有个让我印象深刻的孩子，一个小男孩，四五岁的样子，长得很可爱，住院期间，他的父母很节俭，盒饭都舍不得吃，每天就买几个馒头。我妈妈心疼那个孩子，常常会把牛奶、面包分给他一些。

他父亲一直在村子里借钱，筹到一点儿钱就去医院缴费，可依旧杯水车薪，最后只能给他办理出院，无奈地说："已经尽力了，家里还有其他孩子要养。"我听了，觉得自己好幸运，妈妈始终没有放弃我。

向下比较时，我会觉得自己幸运，会珍惜眼前拥有的一切，会感恩我的出生和我的好妈妈。如果向上比较，我又会觉得自己好倒霉，生了这么难缠的怪病，一辈子就会活在郁闷、愤怒、痛苦中。这件事让我懂得，真正影响我们人生快乐和幸福的，是我们的比较和预期。

羽翼渐丰，家人给我重新出发的力量

高中时期的经历给我留下了太多不美好的回忆，漫漫求医路、多次被误诊的心酸委屈、痛苦的治疗过程、对未知的恐惧和高考前压得喘不过气的升学压力。

晚自习放学后，独自一人骑车穿梭在昏暗的巷道里时，我就想，为什么要这样拼命学习？连起码的睡眠都保证不了，人生就只有高考吗？就算考上了大学，读了博士，那又能怎么样？不过，这样的念头不会在头脑里停留很久，很快就会有一个正面的"小人"跑出来"打怪兽"。因为我知道，将来我无法靠体力吃饭，只能靠脑力，学习是我唯一的出路。

顺利完成高中学业后，我发现身边很多同学都选择在家附近读书，要么在合肥、芜湖上学，要么到南京，再远一点儿的到上海。我有着和同学们不一样的经历，因为治病，我有

了 3 个月在北京和上海的深度体验，坚定了我对扎根城市的选择。以我的身体状况，我必须待在医疗资源更丰富的城市才能有安全保障，同时，我也意识到见多识广、文化底蕴、眼界胸怀对一个人走得长远有多么重要。

妈妈并不希望我独自一人去离家很远的地方，她觉得我一个人在外边既要读书又要看病，很辛苦，没有亲人陪在身边孤苦伶仃。但我很清楚地知道，离家近就会不自觉地产生依赖。人的潜能要想被激发，一定不是在舒适的环境里。年轻的时候不可以让自己日子过得太舒服了，特别是一眼望到头的日子会让人麻木。我对自己独立生活有信心。妈妈最终还是尊重了我的选择。

如愿来到北京，我只是与家的物理距离变远了，与家人之间的心理距离反而在不断拉近。我每周会和家里通一次电话，聊聊学习和生活。每次听到妈妈的声音都十分亲切，想象着她的面容，内心很多负面的情绪就会消失，每一次家人的牵挂都汇聚成一股力量支撑着在远方前行的自己。

北漂 10 年，家人是我抵抗磨难的港湾

北漂 10 年，尝人间冷暖，立凌云之志。"没有北漂过的人生是不完整的"，虽然这只是一句玩笑话，但北漂的经历一定是人生宝贵的财富，回忆起来可以津津乐道。

北京的魅力和魔力会让你想要在这个城市扎根、生活、奋斗，这里的年轻人都在很用力地生活，是一群追赶太阳的人，

你会感受到他们的热情、热爱与热烈，我们一路朝阳，追逐梦想。

在北京生活的日子里，我一边上学一边看病，一边工作一边治疗，无缝对接的忙碌生活，比较伤脑筋的就是经常需要搬家。换工作需要搬家，房东涨房租要搬家，遇到不合适的室友得搬家，房子被提前收回要搬家，遇上黑中介得搬家，被二房东欺压也要搬家……这是一个体力活，对我来说简直太要命了。

第一次搬家时没有经验，我叫了一位关系比较好的姐妹，我们俩拎着大包小包，拖着行李箱乘坐公交车搬家。来来回回坐了四趟公交车，还给行李买了票，就这样把第一次搬家搞定了。

在北京的那些年，我大大小小搬家 15 次，越搬越有经验，后来和朋友开玩笑说我都可以开搬家公司了。北漂人士，谁还没睡过地下室，实在没办法时我也住过，可住在那里总会被"偷"早餐。明明记得晚上买好了面包放在桌子上，那是我第二天的早餐，可早上起来后开灯一看面包没了，只剩下个包装袋和一桌子被啃食过的散落的面包碎渣，谁偷吃了我的早餐？想想心里有些发毛，加上地下室环境潮湿，终日不见阳光，被子都湿漉漉的，得赶紧搬家。

搬着搬着，东西越来越多，最后就只能找搬家公司了。还有一次，我在 24 小时内搬家 2 次，整理 4 次，因为上一家房东要收回房子，把我们赶出来，没办法要与一对姐妹合租。这对姐妹是二房东，她们从房东手里以便宜的价格把房子整租了过来，然后以比较高的价格向我出租次卧，同时提出了一系列不合理条件，被逼无奈，我只住了一晚，第二天一早就重新找房，赶紧离开这个是非之地。

北漂 10 年，一个人面对的难事太多了，特别是在身体和言语有障碍的情况下。

即使遇到过那么多糟心的事情，我也从来没有想过要离开北京。不管是抵抗病魔，还是独自一人异地求学、生活，都充满着变数，唯一不变的是父母对我的爱与支持，是他们让我站起来，重新出发。

当然，有些朋友的原生家庭或多或少有一些问题，如果朋友们能从这些问题中有所学习、有所改观，把好的一面当作目标努力去达到，把不好的一面当作镜子，时刻提醒自己朝着好的方向发展。又何尝不是一种成长呢？

其实，原生家庭非常幸福的概率比较小，大部分人都会面临这样那样的问题，我的家庭也一样，会有不愉快的记忆，但我会磨炼自己的复原力。如果你已经成年，那就请培养自己的复原力，学会自己疗愈自己。你要开启新的生活，抬头往前看，追求属于你自己的幸福。

亲爱的朋友，对你来说，记忆深处，有哪些和家人相处的画面回忆起来是给过你力量的，让你可以去直面生活中的风雨的？

爱人，是你直面风雨的底气

陪伴，是最长情的告白；相守，是最温暖的承诺。七八年前，逛完法国的巴黎圣母院出来时下起了蒙蒙细雨，秋天的落叶随风飘扬，一幅美丽的画卷映入眼帘，让我至今回忆起来嘴角还会止不住微微上扬。

一对步履蹒跚的老人让我不由得停下脚步，好像时空也静

拍摄于巴黎圣母院旁的街道

止了。那两位老人都已经头发花白，背也驼了，老先生右手撑起一把黑色雨伞，为爱人遮风挡雨；老妇人右手挂着一根拐杖，左手挽住丈夫的胳膊，在风雨中携手前行。他们衣着得体，老先生非常绅士，老太太举止优雅，他们的背影，在深秋的雨天里显得更加浪漫，就像电影里的场景，感觉空气中都是甜蜜的味道，我一直站在原地看着他们渐行渐远，体会着他们的美妙爱情。

在那一刻，我明白了，浪漫可以不需要气球、不需要玫瑰花、不需要海誓山盟、不需要烟火晚会、不需要音乐，甚至不需要声音。

我在生活中，听到过太多否定和质疑的声音，但我依然坚定地选择相信美好，相信自己一定会有美好的爱情，也一定会有属于我的幸福。

无条件的爱可以治愈一切

《活出生命的意义》一书中，作者弗兰克尔在人间地狱般的集中营，因为心中一直怀着对妻子的爱，这份爱缓解了身体和内心的巨大痛苦，所以才奇迹般顽强地活了下来。集中营的日子苦不堪言，让他生不如死，但弗兰克尔只要一想到妻子，伤痛就会减轻很多，一切苦难仿佛都不存在了，他时常想象自己正和妻子在一起。

弗兰克尔在野外干活时，脑海里出现了妻子的笑脸。他感觉又回到了曾经的生活，满心都是幸福感。在挖沟壕时，他又想到了妻子，和她一起笑，一起畅想未来。是爱，治愈了弗兰克尔的伤痛，更给了他战胜苦难活下去的勇气。

电影《小妇人》中有一句经典的台词："爱是我们临走时唯一可以带走的东西，它使死亡变得如此从容。无论病痛苦难怎么折磨我们的肉身，都无法夺走我们心中的爱，而爱的力量有多强大，也许你无法想象。"

回想起自己躺在 ICU 病床上奄奄一息的时候，脑海里浮现的就是和家人在一起的画面，在那一刻支撑我渡过人生难关的是我和家人曾经的幸福时光，想到女儿的笑脸，想到妈妈在医院给我榨果汁的背影，想到和爱人在一起做过的浪漫的事，想到全家人一起旅行过的地方，我就浑身充满力量，在心里暗暗发誓：无论多么难以忍受，都要活下去！要活着走出 ICU，要和家人们再一次团聚，我还想抱一抱女儿，还要再吃到妈妈做的菜，还要再和爱人手挽手散步……

尼采说：一个人知道自己为什么而活，就可以忍受任何一种生活。没错，我知道为什么要活下去，所以我可以忍受任何痛苦的治疗和病魔的折磨。

正是因为家人的爱，我一次又一次渡过难关。爱不仅可以让我们忘却肉体暂时的疼痛，还可以抚平我们心灵上的伤口，在危难时刻更是支撑我们活下去的信念和力量。

在对的时间遇到对的人

欣赏一个人，始于颜值，敬于才华，合于性格，久于善良，终于人品。对的时间遇到那个对眼的人是一种缘分，也是一种幸运。

从小到大，我一直遵循着一个规律：在适合的年龄做适合的事，恋爱结婚也不例外。如果能在对的时间遇到对的人，那是何其幸运、何其幸福的一件事。

因为求医看病，我在高二时休了学，而这一休就"修"来了我们的缘分。我和我先生高中虽在同一所学校，两家离得也不远，但那时我们俩并不认识，彼此忙着各自的生活，谋划着各自的未来，没有任何交集。

直到高中毕业的 5 年后，我们在北京的一次高中同学聚会上才有了第一次交集。

在北京有不少我们宣城中学的校友，我们那一届准备小聚一次，说了好几次，但一直没有人愿意去组织，都嫌麻烦，要一个同学一个同学地联系，还得找场地，筹备策划等。

那就我来组织吧。于是我建了一个 QQ 群，一个一个联系，说明情况加进群来，我先生也是其中一位，就这样，我们取得了初步联系。刚开始我们也就是普通朋友，偶尔在 QQ 上聊天，聊着聊着时间久了聊出了爱情的味道。

他的工作纪律严明，请假非常难，在我们认识的这十几年中，他没在春节回过一次家，节假日也要值班，就连平时周末出来也得写请假条，得到批准才可以，并且会规定时间。虽在同一个城市，见面也很难，刚开始我不是很习惯，接触久了便开始理解和支持他的工作。我常常开玩笑说，我们好像是网友。

如今，我们的婚姻已经快要步入第 12 个年头，在我的肩上不仅有对爱的承诺，还有一份更沉重的责任需要扛起，"我守护小家，你保护大家"。希望我们彼此珍惜眼前的幸福，像巴黎圣母院门前那对蹒跚的老夫妇，相互搀扶着优雅地老去。

爱的基础是尊重和爱护，相爱的两个人就像是两条溪流的交汇，一起缓缓流淌，爱是两个生命的相互参与、互相磨合、共同成长。

现在比较流行相亲和介绍对象，我一直抱着半信半疑的态度，但一位同事打破了我对网恋的看法。她是北京女孩，身材样貌都不差，成功在网上找到了老公，还十分相爱。后来我就问她，你怎么这么幸运，找到这么靠谱的老公，网站上不是有很多虚假信息吗？她告诉我，她之前也遇到好多不靠谱的，但她相信总会遇到一个优秀的。因为坚持，她获得了幸福。

我见过很多种爱情的模样，有喜欢健身的，在健身房遇见了爱情；两个互不相识的人，每天在操场上跑步，跑着跑着跑出了爱情；还见过在一起做志愿者，从相识到相爱的；还有喜欢学习的，在职读研时遇到对的人。

我希望每一位朋友都能遇到适合自己的另一半，如果你工作和生活的圈子比较窄，那就更要把周末的时间好好利用起来，多去运动，多去做志愿者，多和朋友出去玩，多认识朋友的朋友、同学的同学、同事的同事，接触的人多了，机会就多了。

每个人的幸福都把握在自己手中，天上不会掉馅饼，你的

"王子"和"公主"也不会因为你周末宅在家里而出现。

经营家庭是很重要的事业

在一次访谈中，有记者问杨绛先生："您最大的成就是什么，是成为作家吗？"

杨绛淡淡地说："成为作家不算多大的成就，我最大的成就，是我有一个好家。"她回顾了自己的一生，无论是低谷还是高峰，都有家庭在背后支撑着她。

我很认同杨绛先生的观点，把家庭经营好，是我们这一生最重要的事业。如果能在家庭幸福的基础上，把企业做得很成功或有非常好的职业，那是锦上添花。如果"锦"都没有，"花"就无从添了，不要本末倒置。

一个有爱的家庭，不仅能让人的身体得到依靠，也能让人的心灵得到歇息，它甚至是你这一生的幸福和骄傲。

想一想，你还记得和爱人相识相恋的过程吗？现在的你们还如之前一般甜蜜吗？

孩子，给你一往无前的勇气

对于普通人来说，自然怀孕并安全顺产也不是一件太轻松、顺利的事。对于身患重症肌无力的我，想怀孕生子需要挑战的难度系数更是普通人无法想象的。我需要终生用药，怀孕期间又不能吃任何药物，这对于我来说如同跛脚的人扔掉了拐杖。此外，我还要确保怀胎十月期间不能感冒、不能发烧、不可以看牙、不可以有外伤、不可以被狗咬、不可以摔跤等，出现任何问题，都可能导致孩子保不住。而且，就算孩子平安发育，在生产的最后一刻也极有可能出现母子生命危险的情况，可以说危险系数 99%。

这一连串的问题和困难并没吓倒我，我创造了属于我们家庭的奇迹。

很幸运可以做妈妈

在经过第一次流产后，再次怀孕的压力像一座大山，害怕明显大于惊喜，毕竟上一次意外流产的过程历历在目，如果再经历一次流产，我都不知道自己还有没有勇气再尝试做妈妈。

孕期的每一天，我都小心翼翼地生活，如履薄冰，除了上厕所，其他时间全部躺平。忙碌的时候，能在床上或沙发上躺一会儿，会觉得好幸福；可每天都必须躺着，哪里也不能去的时候，就感觉很痛苦，时间仿佛都变长了。

每次去医院产检的前几天我就开始睡不着觉，担心检查有问题，每一次检查都像是考试过关一样。检查时，医生的一个细微的表情变化都被我尽收眼底，每一份检查报告都让我胆战心惊。

怀孕期间，我完全没有食欲，平时最喜欢吃的水果也食之无味。我的孕吐反应剧烈，几乎是吃什么吐什么，吃饭会吐、服用钙片和叶酸会吐、闻到油烟味也恶心想吐，感觉身体里的五脏六腑都要吐出来了。原本就不强壮的我更加消瘦了，以至于我怀孕 5 个多月时，不注意看也根本发现不了我是孕妇，全身上下除了小腹微微隆起，哪里都没有多长一两肉。因为吐得次数多，嗓子被酸水呛得疼痛难忍，沙哑到几乎失声，常常好几天都发不出一点声音。

十月怀胎的孕育生命之路很像人生向上成长的攀登之路，蜿蜒曲折，不得不艰难前行。好不容易熬到了临近预产期，宝宝脐带绕颈了，如果一周后还没有绕出来，可就没法顺产了，剖宫产涉及用麻药和产后恢复，自然又多一分危险。

有的病友怀孕生子，引起病情复发身亡；有的是孩子保住了，妈妈没有了。谁也不知道厄运会降临在谁的头上，担忧也会莫名地涌上心头。与其晚上睡不着，不如把一切都交代好。等大家都睡了，我便偷偷拿出笔和纸洋洋洒洒写了好几页，写完后心里坦然很多。当你抱着愿意奉献自己的生命的态度去面对任何事，而且自己也觉得值得时，你的内心就会平静下来。

写完用信封装好，藏在一个不显眼却又能被找到的地方。尽管如此，也不知道哪里来的自信，我还是相信自己一定可以把孩子平安生下来，带着这份内心的笃定和坦然，我坚信自己可以顺产。

我奇迹顺产了

到了预产期那天晚上 11 点左右，我感觉肚子疼，每间隔一二十分钟疼几分钟，折腾了一夜没睡，早上 4 点多去厕所发现见红了，赶紧把妈妈喊起来，收拾收拾东西，凌晨 5 点多赶去医院。

值班医生给我看了一下，说刚开两指，去楼道里走走有利于生产。天呐，一夜没睡，肚子疼，还没吃早饭，我哪里有力气走动，于是我被家里人搀扶着在楼道里来回走，到了 7 点半，医生陆续来上班了，我也被叫进了产房。

产房门口有个秤，我称了一下体重，115 斤。然后一个人步履蹒跚地走进产房。产房里有一位妈妈正在生产，体格较大，底气十足，撕心裂肺的叫声让我有些腿软。

我的产床对面墙上挂了一个白色的钟表，我就盯着钟表看，从 8 点开始，嘀嗒嘀嗒一秒一秒地数着。按照医生的指示用力，一阵一阵地用力。家人怕我力气不够，还买了能量饮料让医生递给我，可我根本顾不上喝。旁边的产妇结束战斗被推了出去，整个产房忽然安静下来。

10 点多了，我的动静依然不大，可能还是因为力气不够。11 点了，主任做手术都结束了，听说我还没生出来，又派了一位经验丰富的护士来看看，发现宝宝位置不是太好，胎儿横枕位，分娩有困难。不一会儿，产床周围又来了两三位护士，她们让我使出最大的力气。我想，我怎么会没有用力呢？都不知道用了多少次力气了，头上、身上全是汗。

半小时过去，丝毫没有进展，我的体力严重透支，再也没有力气了，开始有意识无意识地"翻起白眼"，脑袋昏昏沉沉。护士拍拍我说："妈妈不能睡觉，得使劲，要用力啊。"可是，我连把眼睛睁开的力气都快没有了，也已经感觉不到疼痛了，只感觉到有护士在不断拍打我的脸。

我迷迷糊糊听见了护士的对话：不能等了，得赶紧把孩子生出来，不然孩子就会窒息。在这千钧一发之际，有一位瘦瘦的小护士爬到了我身上跪着，手不断给力往下推我的肚子，帮助我生产，她对我说："你先不要使劲，听我的口令，我们一起使劲，争取这一次把宝宝生出来。"我点点头，一想到孩子会窒息，一刹那我就清醒过来了，我听到"准备，1…2…3…使劲！"我拼尽全力，耗尽身体的最后力气奋战到底。

12点30分整，在5位医护人员的齐心协力下，我终于顺产生下孩子，母女平安。第一次见到刚出生的孩子，皮肤皱巴巴的、身体红红的、紫紫的，感觉有点儿丑。医生很麻利地剪断了脐带，包扎好之后，拎着宝宝的小脚打了几下小屁股，我就听见宝宝"哇——哇——哇——"的哭声了。宝宝没事，我心里沉重的石头终于落地了，放心了，便昏睡过去，等到再次醒来已经在病房里了。

出院回家后，我给医生朋友打电话报喜，告诉她们我是顺产，她们一个个都惊愕不已，不敢相信这是真的，在电话那头直呼奇迹，真是奇迹。

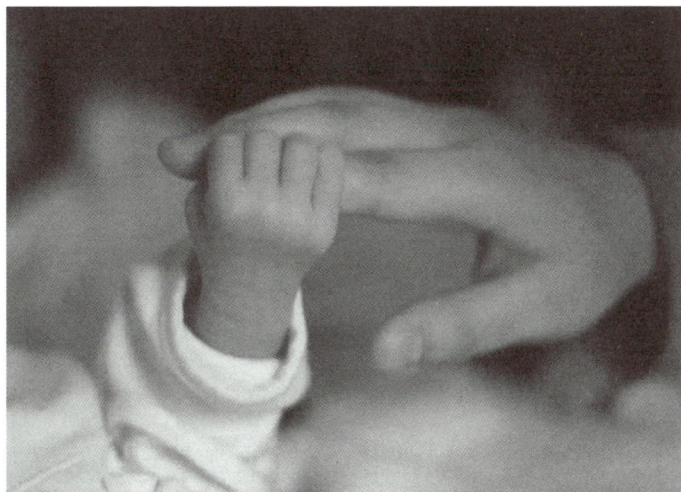

孩子让我重新成长

本以为生完宝宝后，痛苦就从此离我而去了。没想到等着我的还有涨奶、喂奶、挤奶、回奶等难关。刚生完，医生就开始挤初乳，那只手一下去，我额头的汗珠同一时间就出来了，痛得我都喊不出声。

生完孩子的头两天，我没有奶水，家人很着急，鱼汤、猪蹄汤、鹅掌汤等能够发奶的食物统统给我炖了起来。第二天，厄运降临，双乳涨得快爆炸了，根本不能碰，一碰就钻心的疼。宝宝嘴巴的力气太小，根本吸不动，尽管我一直在旁边帮助她，忍着剧痛去挤奶，可她还是吸不到。

好在一切情况都在医生的指导下慢慢得到改善，我在医院待了几天后就回到家坐月子了。其间，宝宝黄疸，我血象高，一个月跑了六七趟医院，身材恢复到了怀孕前的状态。

不过，一切的磨难都是值得的，宝宝一天天在茁壮成长，很健康也很活泼，令人喜爱。最重要的是，在她成长的同时，我感觉自己也重新成长了一次。

有一次，我的病复发了，经过抢救后我被转移到了 ICU，爸爸妈妈会定时到医院看我，给我送汤。我女儿当时还很小，不能来医院看望我，她看到姥姥姥爷在打包时就会问他们要去哪里，妈妈什么时候回来。有一天，她给我写了一封信，让我妈带到病房。我看到那封信时很感动，并对自己说一定要快点儿好起来，好好爱女儿。后来，我把这封信一直放在包里，偶尔拿出来看一看。

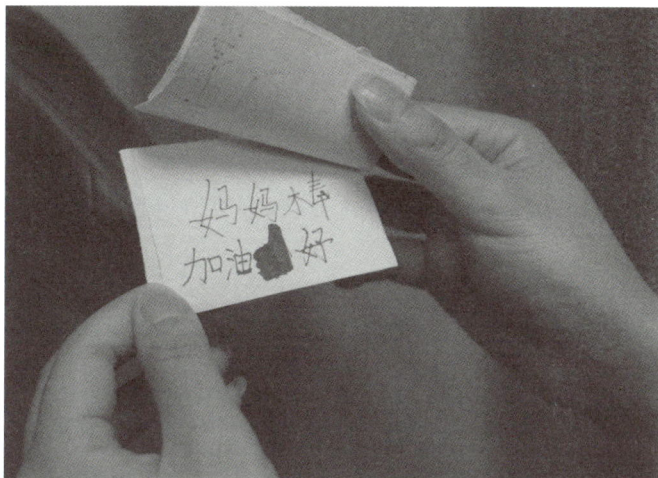

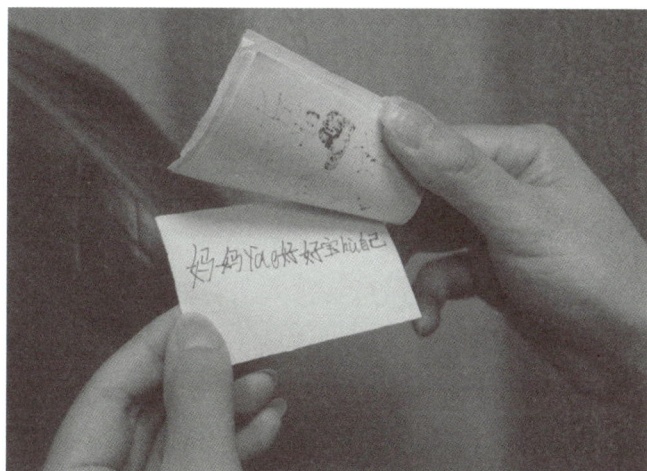

女儿写给我的信 [1]

---

[1] 第一张图中的"xìing"应为"xìn"，第三张图中"宝 hù"应为"保 hù"，因"女儿"当时年幼，拼写错误难免，这里保留原图，以显稚子之心。——编者注

女儿很聪明。我和别人讲话时，经常会有人听不清楚，需要我重复一遍；但女儿却能完全听懂我说的内容，不仅不需要我重复，还可以做我的小翻译。她也很特别，不仅从来没有问过我为什么和别的妈妈不一样，而且还会注意我的情绪。我的发音很不清楚，也很不标准，为了不影响她学说话，我会刻意减少与她说话的次数，让我的爸爸妈妈多与她交流。但是，她似乎察觉到了我的刻意回避，会很主动地和我交流，还会与我分享好多好吃的、好玩的。那时，我感觉好幸福。

亲爱的朋友，你知道吗，孩子不仅是我们的老师，更是帮助我们成长的天使，帮我们开启第二次人生，让我们重新活一遍。所以，当你按捺不住想对孩子发火时，想想他为你做过的最令你感动的事情是什么，你还能对他发火吗？

我要给她所有的爱

女儿一直想去长隆，我趁着她还在上幼儿园大班，没有学业压力，带她去实现小梦想。我们先去了珠海长隆，又去了广州长隆，在长隆的那几天她开心得不得了。我们也要感谢她，如果不是因为带她去玩，自己不太可能去长隆，更不会体验到这里的快乐。

长隆有很多演出，还有小丑变魔术，观众自愿上台配合表演的话还会有小礼物，我女儿看上了小丑叔叔那只白色小老虎玩偶，眼巴巴地看着别的小朋友上台拿了礼物，我鼓励她上台，她有些胆怯，迫不得已只能我亲自上去配合小丑即兴跳了一段舞蹈，赢回了那只白色小老虎玩偶，女儿欣喜若狂，捧在手上一整天。

珠海离澳门很近，想着顺便去一趟澳门买些蛋挞，我就自己过海关快去快回。没想到，过海关时因证件问题无法通行。我明明在北京办好了，怎么会有问题？问了好几个人都说有问题过不去。可我就是不想轻言放弃，便挨个窗口问有什么解决办法。一看我说话不太清楚，大部分人都懒得管我的事，嫌麻烦便敷衍了事，让我回去办好了再来。

我心里清楚，这是一个很小的问题，当场就能解决，并不需要回北京办理。我一直问谁能解决，一直问到第 12 个人，一个不敷衍、善良的工作人员，她告诉我去哪个窗口填写登记申请表就可以，一个简单的事情耽误了我小半天，好在最后解决了，顺利通关。

澳门有一家店卖很好吃的蛋挞，但需要排很长的队。我去排队的时候是下午，排了一个多小时，眼看着就要到我了，店家出来说："不要排队了，今天的蛋挞卖完了。"

排在我前面的十几个人不情愿地陆续走开了，只有我一个人站在原地没动。我郁闷至极，怎么会这样？特意大老远过来买蛋挞，而且答应了女儿要带蛋挞给她吃。

店主已经开始收拾店铺准备放卷闸门了，我赶忙快走几步到店里，很客气地对店员说："我是从很远的地方过来的，答应了女儿给她买蛋挞，能不能卖给我一个？"店员说打烊了，不卖了。我站在原地没有走，试图再次说服店员，依旧没有成功，她懒得理我，正在收银台合计一天的账目，我站在店里，她也没有赶我走。

我呆呆地站在店里，环顾四周，想着"怎么办呢"。突然看见一个玻璃橱窗里有几个蛋挞，有点儿激动的我又叨扰店员，她不耐烦地说做不了主，得和老板说。正在这时，从烘焙间走出来一位年长一些的女性，我猜她就是老板，我先夸赞一番她家的蛋挞，当然是真心夸赞的，又讲述了我排队的经历和必须买到蛋挞的决心，老板多少有一丝感动，想了一会儿对店员说自己留的那些卖给我几个。我成功地拿到那两盒蛋挞时，眼泪都快要出来了。

买完蛋挞，我连声道谢。捧着蛋挞出来，老板就拉下了卷闸门关店门了。走出一小段路，我为自己这种执着的精神感动，又调头，请路人帮忙拍了一张照：我手举蛋挞袋子站在已关门的蛋挞店前。纪念一下自己遇事积极想办法，永不放弃的精神。我让女儿和家人吃到爱的蛋挞，那也是我这辈子吃过的最好吃的蛋挞。

我很爱我的女儿，我希望往后余生能在能力范围内、在一定的原则之下，给她所有的爱。

想一想，你为你的孩子做过的最感动的事情是什么？

拍摄于澳门街头

Chapter 6

第六章

人生缓缓，
幸福自有答案

时间创造了诞生和死亡，
创造了幸福和痛苦，创造了平静和动荡，
创造了记忆和感受，创造了理解和想象，
最后创造了故事和神奇。

——余华

我们的幸福去哪儿了

　　每个人都想获得幸福，却又不知道什么才是真正的幸福，总感觉幸福离自己遥不可及。搜狐创始人张朝阳在接受采访时说："以前我认为钱赚得越多，名气越大，一定会越幸福，自由度也会越大，我可以换个更大的私人飞机，周末叫上一帮朋友飞去巴黎喝杯咖啡，想去哪里就能立刻飞过去，想买什么就能买什么，可是当我实现财富自由的时候，居然会那么痛苦。"

　　之前看过一组数据，说最幸福的人并不是富有的、有权有势的、有名气的，而是达到小康水平的一群人。也就是说，有钱和幸福没必然关系，物质满足容易，精神满足较难。

为什么我们的幸福感偏低

　　央视曾经做过一次社会调查，记者拿着话筒走遍大街小巷询问人们："你幸福吗？"得到的是五花八门的回答。之所以会答非所问，是因为很多人不太清楚幸福是什么，更没办法去表达，甚至有些人直接无视幸福。人们的物质大大丰富，交通和生活也更加便捷舒适，不再担心衣食住行，但是为什么很多人没感到幸福呢？

第一，压力大。现代社会的竞争压力越来越大，特别是在一些大城市，人们的生活节奏越来越快，工作压力和生活压力都很大。压力大时，我们就会烦躁不安，累积到一定程度，就要发作。

第二，攀比心重。人都有攀比之心，但要用在对的地方，如果你总是和比你好的人比较，只会换来痛苦、愤怒、失望。很多人把"面子"看得比较重，自己的面子、家人的脸面，再加上背负着家族的荣誉，压得人透不过气。把面子放一放，虚荣心少一点儿，和自己的过去比一比，幸福感就会多一点儿。

第三，着急追赶。我们好像每天从睁开眼睛就很着急，急着去坐车，急着去上班，吃早餐也是急着对付几口，急着赶工作进度，急着接孩子，急着做饭，急着晚上上网课……着急地过完一天又开始下一天。我们都很着急，都在匆忙赶路，在很着急的状态下，就容易焦虑不安，心神不宁。

第四，静不下来。使用电子产品时间过长，也容易产生焦虑，我们整天活在手机和计算机的世界里，整天盯着屏幕，不仅不利于身体健康，心也很难静下来，心不静就很难专注于一件事。各种社交需求，也未必都是有用社交或是自愿社交，它们占用大量时间，容易让人心浮气躁，没办法沉下心来做事情，好像做什么都是浮在表面。"心流"是幸福的一种重要体验，即在做事情时能忘乎所以，这也是需要静下心来、沉浸其中才会感受到的。

幸福其实很简单

哈佛大学的社会心理学家吉尔伯特曾在课堂上出过一道有趣的题目：一个是中了3亿元大奖的人，一个是遭遇车祸而被截肢的人，你觉得哪个人会更幸福？

同学们嘘声一片："这还用问吗？自然是中大奖的人更幸福。"但是，吉尔伯特却说："我在大范围调查了大奖得主和截瘫患者后发现，一年后两者的幸福程度几乎相等。"中了大奖的人，一开始的确会幸福得睡不着觉，但这种状态持续不到一个月，他们就会回到之前的幸福感水平。遭遇车祸致残的人，一开始总是感觉痛不欲生，但这种状态持续不到一年，他们也会回到之前的幸福感水平。

在我们的生活中，有钱、地位很高、名气很大的人过得不幸福的例子比比皆是。因为当一个人逐渐变得有钱、有名气后，他的欲望会越来越强烈，要求会越来越多，以至于生活中的一些小成就无法满足他。比如，当他月薪3000元时，他可能觉得有一个干净的房间就很幸福；当他月薪10000元时，他会觉得房间不仅要舒适，还要宽敞，更要有格调；当他年薪百万元时，他会觉得有一套属于自己的大房子才算有家，才能拥有幸福的感觉。但是，在欲望与要求增加的同时，他要付出的时间、精力、钱财也随之增加，身体透支、精神状态不佳等状况也随之发生，此时他的幸福感究竟是在提升还是在降低呢？

所以，幸福其实是一种感受，看不见、摸不着。每个人的个性、年龄、阅历，见过的人、读过的书、经历的事、成长的环境各不相同，对幸福的理解肯定是不一样的。

那什么才是真正的幸福呢？生命中美好的事物很多都是免费的，只是被我们忽略了，蓝天白云、新鲜的空气、明媚的阳光、美丽的花草……真正的幸福不是惊天动地，而是懂得发现生命中的细小美好，有一双发现美的眼睛和一颗感恩的心。

生病后，每当我身体状态还不错时，能顺畅地呼吸、能平躺睡觉、能吞咽不那么困难、能说话清晰一点儿，我就感觉自己幸福得要飞起来了，可能这些幸福是大家从未关注和感受过的，对于我却是弥足珍贵的。

既然幸福如此简单，那我们要怎样才能提高自己的幸福指数呢？

捕捉生活中的小确幸

要想热爱生活，要想一直快乐，就离不开"小确幸"，我们该如何去捕捉生活中的小确幸呢？

首先，学会做风景的欣赏者。

万物生长，各自高贵。生活中从不缺少美，缺少的是发现美的眼睛。当我们去用心感受、用心捕捉，就会发现生活中的美无处不在。

每当心情不好的时候，我就会独自一人到公园散步，去感受那一派勃勃生机、鸟语花香的美丽景象。看到花儿吐出花蕊，散发着芬芳；听到小鸟在树枝上展开喉咙唱歌；看到一个个小学生朝气蓬勃、生龙活虎，一直跑一直跳也不觉得累；看到一对对小情侣，手牵手甜甜蜜蜜地说着话，满脸都是幸福；看到一些大爷大妈伴着欢快的旋律跳起舞，脸上绽放着满意的笑容……这一切，都让我的心情豁然开朗。

我也很喜欢欣赏美好的自然风光。大自然真的很奇妙，不仅有温暖且充满生机的春天，也有热情又奔放的夏天，还有硕果累累的秋天和洁白干净的冬天。寒来暑往，冬去春来，有规律地轮回交替着。登上高山，就会深切体会到什么是伟岸和雄壮；走向大海，才真正懂得什么是博大与宽容；当我为梅花停留，才更深刻地理解了坚强与傲气的含义……

万物皆有灵气，万物皆有光芒，亲爱的朋友，去发现生活中的美好吧，你会感恩生命中的每一次遇见。

其次，尝试做生活的观察者。

要想获得真正的幸福，还要学会做生活的观察者。只要你细细体会，就能发现平淡的生活中暗藏着美的玄机。

当你漫不经心地吃着美食时，可能不觉得食物有多美味，更谈不上欣赏它的美妙。因为你没有慢慢地、细细地品尝，只是让食物完成填饱肚子的使命。你应该做的是，在美食进入嘴巴时，细嚼慢咽，打开味蕾，仔细品味，这样不仅能尝到食物的甜，也会品到生活的蜜。

你也可以学着做音乐的聆听者，更好地去感知音乐带来的美感。当你静下心来，仔细聆听大自然的乐音，会发现小鸟的叫声无比清脆，风吹柳条飘舞的声音也是一种美妙的乐音。

最后，主动做生活的反思者。

很多朋友都会对既定的事物缺乏反思，认为西瓜就应该是西瓜的样子，而不可以雕琢成可爱的艺术模样；鸡蛋只能是鸡蛋，而不能在上面画画。当你陷入了一种固定思维模式时，生活就会变得枯燥无趣，呆板生硬，缺少生机。

每当我一次次挣脱死神之手，重新活过来的时候，都会感慨世界上的一切事物都是如此美好，蓝天白云是那么美、那么自由，连一片在秋天里飘零的树叶都那么有诗意！

如果你身体健康，没有疾病，但感觉生活很枯燥无趣，那就去公园或操场痛痛快快地跑几圈，出一身汗、睡一觉，就什么事都过去了。你也可以找积极向上的朋友聊一聊，让他们的正能量感染你，重新点燃你的信心。或者找个适当的时机，背上行囊，找一处可以放松心灵的地方，让身体重新出发。比如，踏上宽广无比的大草原，仰望湛蓝的天空，感受清新的空气，让心灵得到净化，让心胸变得开阔，让眼睛发现更多的美！

幸福其实很简单。知足常乐、懂得感恩、懂得满足，就能切身体会到幸福。

亲爱的朋友，请你回忆一下，哪个瞬间让你感觉最幸福？

幸福是活在当下，做自己想做的事

我不断在思考：人生如此短暂，为什么要一直活在对未来的担忧中，给自己留下一个又一个的遗憾呢？我想，只有活在当下，过好每一个瞬间，想到什么就去做，才能让人生足够尽兴、足够精彩。

生命是最珍贵的一次性

我们经常用的一次性筷子、一次性水杯、一次性饭盒，用完就丢了，也没觉得有多可惜。很少有人想过我们的生命也是一次性的，你想珍惜它，还是要丢掉它？

人生一世，很多事情并不难做到，想做的事情也不会很多，为什么不尽可能地满足自己呢？

6年前，我喜欢的一位歌手在五棵松体育馆开演唱会，我很想去看，但是官方渠道根本买不到票，票价被炒到高得很离谱，我就想，还有什么办法能去看演唱会呢？

早年的演唱会场馆门口会有人摆摊卖荧光棒，我觉得自己也能去试试，便立即展开行动。演唱会在周六晚上举办，我早早出发，背着书包去五棵松体育馆卖荧光棒。一到门口傻眼了，卖荧光棒的摊位多极了，而且都是占地面积很大的摊位，摊主彼此还都认识。再看看我，只有几十个荧光棒，压根儿不好意思拿出来，我想完了完了，今晚估计没戏了。

再去地铁口附近看看，远一点儿，说不定有机会，很多看演唱会的年轻人都是乘地铁来的，到五棵松地铁口一看更是傻眼，最有利的位置早就被人占了，叫卖的吆喝声此起彼伏，我这喊也喊不过，货也没别人的多，再次备受打击。难道这批货得砸手里了？那岂不是赔了夫人又折兵。

话虽如此，我同时也在思考，怎样才能把这些荧光棒卖出去。固定摊位虽然很有优势，但不容易流动，那我就可以走差异化路线，做一个流动摊位。我发现，体育馆的检票口进去的位置有一个铁栅栏围着，一些已经检过票但还没有进内场的观众聚在那里，他们想买荧光棒却又不能再出去买，周围的固定摊位不能把荧光棒送过来，看来这就是我的机会。

我把背包放在胸前，拉开口，把荧光棒露出来，然后在自己头上戴了一个。一位妈妈带着儿子正好从我身边经过，小男孩被我手里的荧光棒吸引了，妈妈很爽快地买了一个。卖出第一个后，我的信心倍增，坚信能够把它们都卖出去。

夹缝里求生存，我关注着来来往往的每一个人，看到谁有需要就跑动上前。在演唱会开始前，我真的把好几十根荧光棒全部卖了出去。其实我卖荧光棒还有一个原因，就是观察四周，看能不能在开场后守到余票，买到打折的票。

演唱会开场 20 分钟后，场馆外的人越来越少，我找到合适的时机，以优惠的价格买到票，最终顺利地进入场馆看完演唱会。人生没有多少难题是解决不了的，只有你想不到的办法。

我并不是一个追星族，单纯为欣赏音乐和感受演唱会的氛围。很多年轻朋友追星很疯狂，但请你擦亮眼睛看一看这个偶像是不是值得你为他如此这般，他的三观正不正？有没有艺德？有没有做对社会有贡献的事？有偶像是好的，但要对人生有激励作用，一定要选优质偶像。

我们这一辈子就活一次，命只有一条，你敢不敢为自己活一次，哪怕为自己做一次冲动的事情？当然还有很多有意义、有价值的事情是值得去做的。如果有喜欢的人，就去追；有想要做的事情，就去干。可以允许自己做了之后不成功，但不允许自己没有努力就放弃了。亲爱的朋友，请不要虚度了光阴，浪费了年华。

人生不止一种活法

我曾看到这样一段话："人生不要被过去控制，决定你前行的，是当下；人生不要被别人控制，决定你命运的，是你自己；人生不要被金钱控制，决定你幸福的，是知足；人生不要被仇恨控制，决定你快乐的，是宽恕；人生不要被表象控制，决定你成熟的，是看开！"

人生是自己的，怎么走？怎么过？怎么活？要学着自己做主，不要被外界的声音干扰，不要被外物迷惑，不要怕前路有荆棘，也不要担心结果不美好，只要是你遵从自己内心做出的选择，那就是对的。

有人说，人生其实有很多可能性，如果你执着于一种，就会失去选择其他可能性的机会。所以，我们要做的就是大胆地去选择自己想要的人生。

我被确诊为重症肌无力的时候，很多人都说我这辈子能好好活着就不错了，但是我并不认同他们的观点。我憧憬着自己的未来，绘就了一幅美好蓝图，我拼尽全力去实现它。

有人说，不要想着高考了，先把身体照顾好。我的内心很坚定，我要学习，我要高考，我还要离开小城市去大都市闯一闯。

有人说，你都这样了怎么还出来工作呢，还不如在家好好养身体。我内心很愤怒，我为什么就不能出来工作？我怎么就不正常了？我就是要找到工作，还要找到好工作，让自己变得更有价值。

当有人说，你该结婚了，找个差不多的人就嫁了吧。我遵循自己的内心，我为什么要降低要求？为什么要差不多就行？为什么不能遇见优秀的？

……

我们的人生不止一种活法，各有各的选择，各有各的标准，不要因为别人的观点乱了自己的脚步。人生中很多问题都是"小马过河"，河水既没有老牛说得那么浅，也没有松鼠说得那么深，具体深度还得你自己试一试。所以，不要因为别人说了什么而过分自信或悲观，也不要总想着向别人证明和解释，我们要做的只是做好自己，做自己喜欢的事、说自己想说的话，仅此而已。

请时刻活在当下

一位年长的智者告诉我，当你七老八十坐着轮椅或躺在病床上时，你不会因为做过某事而遗憾，而是会因为想做却没有做的事情而后悔，且于事无补。

他曾经在出国开会时给妻子买过一件非常漂亮的裙子，妻子觉得过于昂贵一直舍不得穿，说要等到特别有意义的日子再穿，她把裙子叠得整整齐齐地装在盒子里放入衣柜。直到她去世后，他在整理她的衣物时发现了那条连吊牌都没有拆的新裙子，他想起了妻子说要等到特别有意义的日子再穿，却再也没有机会穿。他懊恼不已，一直忙于事业的他很少陪妻子过生日、结婚纪念日，甚至都没有和妻子一起看一场音乐会，以至于妻子一直没有找到合适的场合和有意义的日子穿起那条美丽的裙子。每当看到那条裙子，他的后悔就多一分，他说妻子走后他一直活在悔恨和懊恼中，这成了他心中永远的痛。

人总是等到失去才懂得珍惜，却没有好好地活在当下。我自己也有个不太好的习惯，就是买的新衣服、新鞋子舍不得穿，放在柜子里，总是想把旧衣服穿坏了再穿新的。10 年前，过生日时朋友送了我一个真皮的包，我不舍得用，就想着等以后有机会出席重要场合时用，一直把它视如珍宝，藏在柜子里。10 年后的某一天，真的有合适的场合需要用这个包了，我打开袋子一看，靠近拉链的皮革已经裂开了，其他地方也有不同程度的小裂纹，一碰皮就掉了，我懊恼极了。

这样的事情还有很多。比如，那天和朋友出门逛街，我看中了一件很漂亮的连衣裙，穿上身试了之后更加心动，但看了价签后又开始犹豫，感觉自己有一件类似的衣服，也不是非买不可。等回到家之后，脑海中时常想起那件连衣裙，很想穿着它出去玩，然后便返回店里去买。结果，那件连衣裙已经卖出去了。这让我更加后悔当时为什么不把它买下来。

回过头来看自己的经历，我发现自己很多时候后悔的是那些想做而没有去做的事情，几乎很少因为做过某事后悔。想吃什么、想做什么、想去哪里，只要不会影响他人，且是在自己能力范围之内的积极正面的事情，想到就去做吧。

有一位钢琴家，他没有燕尾服、没有领结、没有完美的童年，因为他的童年是在弥漫的战火中度过的。音乐学校停止了授课，但他依旧坚持在音乐学院的地下室里练琴，在动荡的童年岁月里，钢琴成为他唯一的精神依靠。每当他在地下室练琴时，他可以听见天空中飞机的轰鸣声和炸弹的爆炸声，在那样恐惧又艰难的日子里，唯有钢琴可以让他暂时忘记害怕和烦恼，这就是一秒能弹16个音符的钢琴圣手马克西姆。

我在怀孕期间，他来北京开钢琴演奏会，我知道后很兴奋，非常想去，但那时我的身体不允许，只好作罢，为此我还难过了一段时间。过了几年，他再一次来到中国巡演，不过这次只有苏州场有票，我毫不犹豫地买了两张票，还请了苏州的同学一起看。演出在周末居多，不需要特意请假，这样的事情我在比较年轻时没少干，现在想想就没有那个激情和时间去做了。趁着年轻、趁着身体不错、趁着有点儿时间，多去做一些自己想做的事情吧。

《克罗地亚狂想曲》缓缓响起，钢琴前的马克西姆如雕塑般冷峻。没有花哨的动作，手指飞快轻盈地在琴键上翩翩起舞，让人眼花缭乱。随着明快而又激昂的旋律，人们仿佛看见夕阳倒映在血泪和尘埃之中。我整颗心都跟着乐曲旋律起起伏伏，56 秒弹奏完《野蜂飞舞》，没有一个错音，现代物理学家研究过，马克西姆弹奏《野蜂飞舞》的手速已经达到人类不可超越的极限，这是天赋加努力造就的不可逾越的极限。

我很珍惜和感恩自己能在北京生活，我喜欢北京这个城市，不仅喜欢这里的宽厚包容、明媚的阳光、有供暖的冬天，我们还可以在这里享受到丰富的精神文化生活，可以不踏出国门就欣赏到全世界最顶尖的各类演出和表演。

当你怀着感恩的心去生活，生活同样厚爱你。人生有限且短暂，很多事情无须等待，能力允许，想做就去做，否则错过一次很可能错过一生。

大事不糊涂，小事不在乎

俗话说得好，忍一时，风平浪静；退一步，海阔天空。人生就是如此，该糊涂时就要学着糊涂一些，这是一种人生智慧，也可以让你过得更幸福一些。事事较真，伤神伤身。

有这样一则小故事：有两家规模相当的公司，总裁的行事风格却有天壤之别。A 公司的总裁精于算计，凡事都会比别人看得长远一些，很早就预测到了某一年要发生金融危机。他分析道，这场危机将导致 30% 的公司倒闭，像他现在这样的小公司，肯定在 30% 之列。为了规避风险，他决定解散公司，并给自己和员工留了一些生活费。

B 公司的总裁不但不善于算计，还给人一种比较愚笨的感觉。在他的认知里，即使是制订了最完美的未来计划，也不一定能准确地预测未来。所以，他认为不管遇到什么风险、什么危机，只要人在，就一定能挺过去。当危机真的爆发时，B 公司竟然奇迹般地挺了过来，而且比以前发展得更红火了。

人生就是如此，很多事情是不知道比知道要好，不灵通比灵通要好，不精明比精明要好，这就是"难得糊涂"。对无伤大雅的事情、不涉及大的利益的事情、鸡毛蒜皮的事情，睁一只眼闭一只眼就可以了。

当你遇到一些事情时，不要总是苛责自己，也不要总是期望能够洞察一切，而要学会适当糊涂，不要把一些事情看得太重，想得太多，凡事不要太往心里去，要活得轻松一些。

那要怎么做到这些呢？

其一，抓大放小。所谓大的事情就是关乎未来的发展、重要选择的事，比如遇到好的平台、升职机会等，这种事情绝对不能含糊，该抓住的机会一定要抓住。小事就是无关痛痒的事情，比如和朋友一起相处时不要太计较，聚餐主动买单，送一些小礼物，偶尔请朋友喝饮料或吃小零食等，这样的亏吃一点儿没关系，吃亏是福，大家会觉得你大方，人缘差不了。

其二，不管做什么事情，都要学会抓重点，而不是眉毛胡子一把抓。比如，你这个月的目标是控制饮食，加强锻炼，减重 3 斤，那你就始终围绕"饮食"与"运动"去行动，即使过程中出现一些小插曲也要保持平常心，这都是正常的，只要始终朝着目标努力就可以了。

大事不糊涂，需要有成熟的心智，能明辨是非，不意气用事，能着眼全局，不被眼前利益所诱惑；小事不在乎则需要一个人把格局放大一些，不纠结小问题，别太看重得失。

想一想，你有哪些事情是想做却还没有做的？打算什么时候去做？

幸福是找到人生的意义，享受每一个瞬间

生活需要赋予意义感

我在刚毕业进入社会时，的确不太清楚自己想从事什么工作，能力也不够，可选择的行业比较少，经常有什么工作就去做什么工作，即使是硬着头皮做一些自己不想做的事情也能接受。

第一份工作对我来说是一个巨大的考验，陷入抱怨、排斥的情绪是常有的事。有时候，还有三五分钟就要下班了，老板娘走过来对我说，这是某材料，要得急，你今天 9 点前做好；还有的时候，领导会莫名其妙召开一些会议，说一些漫无边际

也无法解决实际问题的话，三五个小时就过去了，一天的时间也浪费了，还得加班完成当天的工作任务。

每当出现这种情况，我的内心几乎要崩溃，本以为干完了一天的工作，可以早点儿回家做自己喜欢的事情了，没想到计划就这样泡汤了。没有选择的我，只好强迫自己做着不想做的事。

时间长了之后，我逐渐从这些工作中找到了意义感，心态也有了很大的转变。有额外的工作任务时，我会对自己说，又可以多了解一个新领域，学到一些新的知识了；下班前开会，我会安慰自己，又能认识几个新朋友了，听一听他们的观点与想法，让自己快些成长。

当能够在工作中找到意义感，并做出一点点成绩后，我就慢慢不反感，也不排斥工作了，反而让工作成了学习的有力工具。

有些朋友可能会认为，创造性的工作更容易产生意义感，流水线或重复性强的工作很难创造价值。在我看来，也不是完全如此，如果你只是把工作当成负担，那么不管什么类型的工作，你都会排斥；如果你把任何工作都看作养家糊口的工具，那么不管多么有意思的事也会变得无趣；如果你把任何工作都看作一种创造，能够发挥自己的最大价值，那么再枯燥无趣的工作内容也能变得有趣且有价值。

当然我也能理解，一些重复性强的工作很难让人获得高价值感，也会让人很消耗自己，那你不如让每天的自己变得不一样，让每天的工作变得不一样。比如，第一个月完成这些工作需要 8 小时，那就要求自己第二个月用 5 小时完成它，其余 3 小时做自己喜欢做的事情；到第五个月用 3 小时完成，剩余的 5 小时用于提升自己，做有趣的、有价值的事情。

就像《活出生命的意义》的作者弗兰克尔，他从早年的经历以及被关入集中营时经受的非人折磨中学到了很多智慧，明白了即便经历苦难和死亡，经历肉体和精神疾病的折磨，也始终要对生命说"是"。

亲爱的朋友，生活需要我们去赋予它意义。生活如同一杯茶，我们可细细品味其中味道，而不是跳过过程直达结果；生活如同一本书，只有一页一页地翻开，才能读到故事的主旨，如果只看封面就体会不到这些；生活就是人生的一部成长电影，它的意义和色彩需要我们自己去赋予。

把生活过得有意义一些

意义感，就是通过不同的生活，找到可以让自己变得更好的方式。我觉得方法很简单，就是和喜欢的人在一起做喜欢的事，让自己不断进入心流状态，创造快乐，享受乐趣。

比如，同样是教师，有些人因为喜欢小朋友，享受教书育人的过程，成了一名教师，把每一堂课都讲得异常精彩生动，让学生在轻松的氛围下学到更多的知识；也有些人只是把这当成一份工作，照本宣科，讲完一堂课就认为完成任务了，学生们感受不到学科的魅力。

做一份工作时间长了，就会因为太过于熟悉而缺乏挑战，从而感到乏味，感觉每天都是在重复、重复，毫无乐趣。此时人们往往会在工作时心不在焉，从而导致工作出错。如果你能在看似重复的工作中找到变化，就能不断发现工作中的闪光点，工作起来也会有愉悦感、成就感、价值感。当上班变成一件让你开心的事情，你的大脑就会保持活跃和兴奋，更愿意接受和尝试新的挑战，工作就会被你玩出新花样、玩出新高度、玩出新创意。

我上大学的时候，最不受同学们欢迎的学科是统计学，老师戴着眼镜，个子不高，往计算机前面一坐，只能看见她小半张脸，眼镜的镜片厚得像瓶底似的，她总是穿一件深色衣服，从来不点名，也不管课堂纪律，更不和同学互动，只是照本宣科。

讲台下面，大多数学生都在做自己的事情，有的在看书，有的玩手机，有的直接睡觉了。我们去上她的课无聊至极，可能老师自己也如坐针毡，把它当作一项讨厌的任务。好不容易熬到下课，我们都解放了。

相比之下，教我们微积分科目的老师太具有个人魅力了，虽然是一位白发苍苍的老者，却精神矍铄，身体挺拔，声音洪亮，与我们没有代沟，和学生打成一片，大家都非常爱戴他。他每次走进教室，我们都能感受到他对学生、对学科和对课堂的热爱。

他讲课的时候，既不翻书也不用幻灯片，所有的理论知识都烂熟于心。而且，他还不用计算机，手写板书，写得一手漂亮的粉笔字，抬手就在黑板上唰唰唰地行云流水，一气呵成，连复杂的例题都不错一个数字。看着微积分老师上课是一种享受，他说他从小就喜欢数学，其他小孩爱出去玩，他就爱做数学题。找到自己的热爱真是太棒了。

从这两位老师的身上，我发现，有意义感的生活会让你把痛苦的事情变得快乐。正如樊登老师所说，如果做一场演讲时没有心流状态，就会觉得异常漫长，一直想着怎么时间还没到；如果状态很好，完全沉浸其中，就感觉时间转瞬即逝，而且演讲的效果也很好。

我在写文章时也有这样的体会，如果不在状态，写一会儿就想看看几点了，写一会儿又去喝口水，写了又删，删了又写，绞尽脑汁也没写几行字；而在灵感突至的时候，文思泉涌，一口气写上好几千字也不成问题。全身心投入写作时可以废寝忘食，脑子飞速运转，享受写作的快乐，只是写完之后胳膊和脖子不太享受。

亲爱的朋友，不论你财富多少、地位高或低、权力大或小，只要人格健全，灵魂丰满，充满勇气，同样可以把生活过得很有意义。

生活由无数瞬间组成，如果能意识到每个瞬间的意义，那么生活这一整体就是有意义的。做事情、做工作、做学问时保持专注，留心发现新事物，寻找不一样，从而找到意义，这样不只会让你感到快乐，也更容易出成绩。希望你也可以体会到美妙的"心流"状态，哪怕一次也好。

想一下，你觉得生活的意义是什么？

幸福是给平凡的生活一点仪式感

"如果你说你下午4点钟来，大约从3点钟开始，我就感觉很快乐，时间越临近，就越来越感到快乐。接近四点钟的时候，我就会坐立不安，我发现了幸福的价值，但是如果你随便什么时候来，我就不知道在什么时候准备好迎接你的心情了。"这是电影《小王子》里，小狐狸对小王子说的一段话。

这不禁让我想起了三个字：仪式感。一些仪式会让我们的生活成为生活，而不只是生存。

仪式感，让生活成为生活

仪式感，是对生活的尊重，也是热爱和敬畏生活的一种表现。

仪式感对生活最重大的意义就在于，它能唤醒我们内心的尊重，促使我们去尊重生活。

初夏的一天，我去烟台出差，会议活动在早上9点开始，酒店离海边很近，早起吃完早餐去海边散步。看着太阳从一望无际的大海上升起，吹着温柔的海风，美好的一天就这么开始了。

正在我愣神时，悠扬悦耳的小提琴声传入我的耳朵，我惊喜地发现不远处一位老爷爷戴着礼帽正面对大海优雅地拉着小提琴。他有着专注的眼神、纯真的笑容，浑身上下的每个细胞都散发出快乐的气息，仿佛他和小提琴的旋律汇聚在一起，和大海融为一体，沉浸在音乐的海洋中如痴如醉。我静静地站在旁边，欣赏着眼前的一番美景，直到一曲拉完，我鼓起掌，优雅的老爷爷这才注意到我，脱帽致谢。在这个仪式感满满的早晨，大海与音乐来了一场浪漫的邂逅。

当你认真地生活，就不会把自己的一日三餐交给外卖或者随便对付一下，而是愿意下厨为自己做营养健康的爱心餐；当你热爱生活，就会对生活充满热情和激情，也会更加用心；当你敬畏生活，就会对工作更加热忱、更加珍惜。偶尔的仪式感，能让我们感受到这一年是与众不同的，这一天是难以忘怀的，这一刻是需要铭记的，从而让我们对丰富多彩的生活给予追求、热爱和付出。

仪式感，渗透在生活的方方面面，让每一天都是新的一天。

很多朋友听到仪式感三个字，最先想到的是玫瑰花、蛋糕、气球等具有浪漫气息的元素，但这是对仪式感的狭义理解。我认为，仪式感不限于某一种形式，也不一定要花很多金钱和精力，更多的是需要认真地去感受、花一点儿小心思。

你可以给爱人或重要的朋友亲笔写一封信，朗诵一首诗歌，和爱人一起看一次展览或听一场音乐会，给孩子和家人做一顿美味佳肴……这些也是生活中的仪式感，不仅很特别，很有纪念意义，还不需要你铺张浪费。

有朋友可能会说，我就是一个普通人，制造仪式感没必要吧，也很麻烦，感觉与日常生活格格不入。其实不然，普通人的普通生活也是可以被各种仪式感填满的。我认识一位很注重仪式感的妈妈，她每天都会在朋友圈晒给孩子做的早餐，几片面包、一小碗粥、两块水果。这些简单得不能再简单的食材，经过了精心的摆盘后变得特别精致。每天吃着"妈妈牌"爱心早餐的孩子，想必一整天心情都是美美的。

还有一位注重生活品质的朋友，我从她那里学到了餐盘艺术和餐桌文化，她们家一年四季餐盘的颜色都不一样，春天是生长的颜色，夏天是生机的颜色，秋天是果实的颜色，冬天是温暖的颜色。她让我知道了餐盘不只是用来装食物的，也可以用来装饰自己的家、装饰自己心情的物品。通过对不同餐具的使用感受到四季交替的变化，准备四套餐具，我想一般家庭都可以负担得起，但是很少有人付诸行动，大部分人会觉得麻烦：有个碗吃饭不就得了？那你可能就只是吃饱，体会不到美食带来的满足感、愉悦感和幸福感。你如何对待自己的生活，生活也会如何回馈你。

在工作中，我也会制造一些仪式感，装扮一下自己的工位，比如买很多绿植，春夏秋冬四季用四个不同的杯子喝水，每换一个杯子都仿佛换了一种心情。我也喜欢养生，会在早上煮一些养生的茶，放到保温杯里带到公司，每喝一口都觉得自己被幸福包围了。

仪式感，可以是一句关心、一声问候、一个拥抱、一顿美食、一部电影、一场旅行，以及一切让你感到温暖的东西，它与众不同，不是消费式的仪式，不要让这么温暖浪漫的事情变成负担，它能让我们产生积极情绪，化解负面情绪，让日常琐事变得有意义。

注重仪式感的家庭，总能把平淡无奇的生活过得充满诗意。愿每一个家庭都能在小小的仪式感中收获更多幸福。

仪式感，是生活的调味剂

张爱玲说："生活需要仪式感，仪式感能唤起我们内心的自我尊重，也让我们更好、更认真地去过属于我们生活里的每一天。"

每个人都可以有属于自己的仪式感，可以对仪式感有不同的理解，它可以是醒来后喝一杯咖啡、看一份报纸、做一份早餐，可以是晚上看星空，可以是听着舒缓的音乐读一本好书，可以是周末去远足。这些小小的仪式都可以让我们放下心中的烦恼和压力，享受生活的美好。

有时候，我们会抱怨生活太过于平淡无奇、枯燥无味、了无生趣，没有想办法把小日子过得精致起来，总是期待着美好的邂逅，期盼着有惊喜的瞬间降临到自己身上，而希望他人给自己浪漫，不如自己创造一些小小仪式。

电影《蒂凡尼的早餐》中奥黛丽·赫本扮演的霍莉，给观众留下了深刻印象。霍莉是一位家境并不富裕，但热爱生活、热爱时尚、追求品质生活的优雅女士，尽管她的早餐只是几片简单的面包配一杯咖啡，但她会身穿小黑裙礼服，把自己梳妆打扮得漂漂亮亮，佩戴精致的珍珠项链和耳环，一边优雅地吃着早餐，一边欣赏着窗外的美景。

平时的生活自然不需要如此夸张，这毕竟是电影，但我们在一年中能不能有那么一两个特别的日子稍微打扮一下，和家人朋友共进烛光晚餐呢？我们会花时间和精力打扮精致去参加婚礼、出席活动或聚会，但比较少如此隆重地对待和家人一起的聚餐，因为觉得大家太熟悉了，没有必要。

我和爱人小时候并没有"生活要有仪式感"的意识，父母也没有刻意培养过我们，到了快成家时才有了这方面的意识。我们通常不会在情人节、平安夜这样的日子去外面餐厅过节，觉得体验感非常不好，不仅排队人多，菜品质量也会大打折扣。我们会根据自己的时间来安排节日，比如最近我们都很忙或有一方出差，那就把庆祝的日子挪到下周末。

我们比较重视结婚纪念日，这个日子不太会和大多数人重合，去餐厅吃饭也不拥挤，纪念日让我们重温新婚的浪漫甜蜜。不要因为相处久了就觉得"老夫老妻"不需要仪式感，还是需要相互尊重、相互欣赏，保留爱的味道。

自从有了女儿，我的生日好像就没有专门庆祝过了，因为女儿的生日和我的只差几天，每次都被孩子爸爸合并起来一起过。说是我们俩一起过生日，其实就是给女儿过生日，女儿过生日除了有礼物，还一定要吃个生日蛋糕，因此她很期盼生日早点到来，会说："妈妈，要是我一年过三个生日就好了。"

女儿对生日有期待，盼望着那一天到来的感觉多美好。美好，常常隐藏在平常的事物中，只要多用心，普通的日子就变得可爱起来。

生活中没有节日、没有礼物、没有惊喜，给人的感觉并不是失望，而是对未来少了期待。

如果生活中充满了琐事和杂事，我们会时常感到疲惫和无力。而生活仪式感，则是一种让我们重新找回生活节奏的方式。每个人都需要属于自己的仪式感，它可以让我们更多地倾听自己的内心，更加珍惜和欣赏生活，使我们切切实实有了存在感。仪式感不是为了让我们给他人留下什么印象，而是用自己的心真切地感知生命，充满热忱地面对生活。

我们在商场里看到比较名贵的手表、珠宝、首饰，让售货员拿出来给我们展示时，如果售货员先戴上黑手套、再拿一个黑色绒布托盘，再取出钥匙，打开玻璃橱窗柜台，拿出物品小心翼翼放在托盘上，又锁上柜门。这一系列操作是不是会让你感觉拿给你看的物品很贵重？哪怕它并不是那么贵重，你可能也认为它很贵重。

仪式感可以让我们对自己重视起来，偶尔把自己变得很"贵重"。周末休息，在家用新鲜的食材给自己做一顿美食，配上一点儿葡萄酒，放点儿音乐，不也很浪漫吗?

当日子清苦而平淡时，仪式感能让你心怀期望，消除困顿；当日子奢华而浓烈时，仪式感能让你心有所定，化解沉迷。

仪式感就像生活中的调味品，只需加一点儿进去，生活就会呈现更丰富的滋味。

亲爱的朋友，你为自己做过最有仪式感的一件事情是什么？在不花钱的情况下，你将怎么为自己制造仪式感？

幸福是一种需要感知的能力

获得幸福是一种能力，如果不具备这样的能力，即使给你巨大的财富，也没有办法让你保持幸福。相反，当你具备这样的能力，就算遭遇不幸，你也可以很快地调整自己，找到属于你的幸福。

亲爱的朋友，要想幸福，就要努力拥有一种能力，一种让自己幸福的能力，这种能力别人无法给你，你也无法从别人那里剥夺。

如何修炼幸福的能力呢？

修炼幸福的第一个层次，是接纳并享受变化

每个人都会有各种各样的烦恼，而真正幸福的人懂得化解烦恼，与烦恼共存，并将烦恼化为快乐；真正幸福的人，会与突如其来的变化共存，与黑暗共存，即使遇到不幸和悲伤，哪

怕有一点点希望，也会竭尽全力去创造快乐。

你发现了吗？有些朋友非常喜欢做计划，今天去哪里聚会、周五去哪里逛街、周末去哪里露营，把一切计划好然后就等着那个时刻的到来。然而，有时候天气或其他因素会导致计划被迫取消，于是一整天的心情都受到影响。这样的人，受外界的影响太大，不能接受计划好的事情有改变，也很难在短时间内消化计划调整带来的负面影响，自然他的幸福感就不会太高。

在这个瞬息万变的时代，每一天、每一分、每一秒变化都在发生，计划永远没有变化快，我面对变化的心态是"一切都是最好的安排"，欣然接受所有的变化，并为突如其来的改变感到开心和惊喜。

有一年春天，我约了五六个高中同学去春游，提前准备了很多东西，吃的、喝的、玩的应有尽有。早上九点多，我们各自从不同的方向出发，赶到了预定地点。出门时天气很好，不料大家刚集合，突然雷声阵阵，我们正在商量要不要改变计划，这时候又下起了小冰雹。没有一个人带伞，眼看春游野炊彻底黄了，我们就近找了一家不太远、评价还不错的室内桌游吧。

那家店的老板和我们年纪相仿，玩了一会儿又来了五六个人，坐在我们旁边。你们知道后面有什么惊喜吗？那桌人居然有两位是我们的高中校友。在北京的一家桌游吧里遇到多年未见的高中校友，这是多么神奇的事情！

我们互相加了微信，一起畅聊，一起游戏，一起吃饭，约了下一次行程，并一起举杯感谢了上天的美意，感谢了突如其来的冰雹，更感恩缘分的妙不可言。

如果我们当时因为下冰雹而心情不好，带着怨气结束了行程，各自回家，就不会遇到接下来的惊喜了。

幸福不是一种拥有，也不是一种占有，而是一种可以转化的能力，是一种内心的自我感觉，这种感觉不会拘泥于任何形式。

修炼幸福的第二个层次，是真正满足自己的需求

要想幸福，就要学着满足自己的需求，既包括身体层面的需求，也包括精神层面的需求。

满足身体层面的需求很容易理解，也很容易做到。比如，做一个舒服的按摩，让身体好好放松；出门化个美美的妆，和朋友一起吃一顿从未尝过的美食。

我每次忙完工作或录完节目，都会让自己完全放松下来，吃一顿美食，这就足以使我开心。因为在影棚录制节目一般都是吃盒饭，彩排、化妆、造型时间比较久，也常常不能按时吃饭，录制一般会到很晚，熬夜是家常便饭。录制结束，人彻底放松了，就可以饱餐一顿，再美美地睡个养生觉，幸福得不得了。

千万不要小瞧了吃饭这件事，它可是人生很重要的一部分，蕴含着很大的学问。美味食物可激活调控情绪的神经系

统，促进多巴胺释放，令人产生快乐感。吃好一顿饭，快乐一整天。

精神生活，对一个人也是至关重要的，是幸福生活的必要组成部分。在北京的每一个周末，我都会好好利用时间，去看一些画展、摄影展，或听一场音乐会、看一场话剧，或者去图书馆读一本喜欢的书，感觉时间根本不够用，我从中感悟到很多东西，自己也因此不断成长。

我还认识一位妈妈，她从孩子很小时就很注重对孩子精神世界的培养，不仅带着孩子参观了国内的各大博物馆，还计划带孩子逛遍全世界的博物馆。

一个人身体状态好、精神世界富有，才会感觉生活充满希望，也会充满奋斗的力量。

修炼幸福的第三个层次，是利他

幸福的更高层次，是帮助他人，为他人做一些有价值的事情，为社会做一点儿贡献。

能够帮助到他人，自己也会快乐。周末有空时，大家可以尝试去做志愿者，既能多认识朋友，也能让自己快乐。以前，我常常去做志愿者，还带着女儿一起去过几次，希望培养她的爱心，带她见见社会中不一样的人群。你以为你是在帮助别人，其实你自己收获最大，收获喜悦、收获成长、收获成就感。

我有一位朋友，他每年可以把将近一半的薪水捐给公益事业，也常常去做志愿者。彼此熟悉之后，我问他为什么这么热衷于做公益，他说，这不是我们应该做的事情吗？自己在读小学的时候，到了周末就会去街上捡瓶子，然后卖钱捐给孤儿院或残障朋友。

有一次，他在得知一家公益机构难以维持，发不出工资后，一次性捐赠了一大笔善款，且不要任何回报，连发票和捐款凭证都没要，最终帮助这家公益机构渡过生存危机。

每一位有爱的朋友都值得被尊重，世界一定会因为你的善举越变越好。你的每一次善举也会让你收获不一样的温暖和幸福。

幸福，是一种感觉，是一种状态，也是一种能力，但不要想着自己完美了、成功了再去追求幸福，而要在生活的小细节中不断去感知、去捕捉、去把握幸福，很多的幸福埋藏在不经意中。

亲爱的朋友，请回顾一下，你遇到过的人当中最幸福的是谁？给你最大的启发是什么？

Postscript

后记

特殊的缘分，
特别的友谊

世界上只有一种英雄主义，
就是在认清生活真相之后依然热爱生活。
——罗曼·罗兰

生命中，没有任何一个人的出现是偶然的，他一定会在某种程度上教会你一些东西，让你悟透一些道理，看清一些事情的本质。

正是因为我身体的"特别"，这份特殊的缘分让我认识了一群特别的人，建立了特别的友谊。

我生命中的良师益友

在北京，我也曾因感冒诱发危象，被拖到 ICU 抢救了好几次，虽然每一次都万幸被抢救回来，但后续治疗方案的不同会在很大程度上影响病情的恢复和稳定。

2019 年春节前夕，我再一次被送进了 ICU 抢救。幸好遇到了一位经验丰富且专业过硬的主任医师，他制定了一套适合我的治疗方案，才使我度过危险、保住小命，并取得了不错的治疗效果。

他是一个自信、笃定、有个性的人，看上去温文尔雅，但非常有原则。最难能可贵的是他会用"哲学"看病，在探讨病情时就好像在聊人生百态，这大概就是看病的最高境界。他既是我的良师益友，也是我生命中的"贵人"，他说的很多话我都铭记在心。

从 ICU 出来后，每天要吃的药堆在面前比我能吃下的饭都多，每餐要吃大把大把的药，在服用激素类药物的同时得吃护胃、护肝、补钙、补钾的药，我吃到恶心、吃到愁眉不展，最后到了崩溃边缘，开始抵触吃药这件事。

那位主任医师知道我的情况后，给我做了一些调整，把非必要的药减掉一部分，并对我说："如果吃药能让你的身体维持在正常水平，为什么不吃呢？不要去想药物副作用的事，想一些让你高兴的事。"

没错，情绪的力量是巨大的。我告诉自己，只有调整好情绪和心态，从心里认为吃药是在帮助我，药效才会得到充分的发挥。过了一段时间，我的状态调整得不错，激素类药物的用量也开始慢慢减下来。

其实，不仅仅是这位主任医师和之前上海的那位教授，我要感谢的医护朋友还有很多，20 年与疾病斗争的经历让我拥有了不少特殊的朋友和特别的友谊。每当我回想起监护室里一个个温暖的瞬间、一张张可爱的笑脸、一段段难忘的经历，内心都充满了感谢和感恩。因为你们，恐惧而又冷冰冰的监护室变得温暖起来。

感恩我生命中出现的所有良师益友，感谢每一位曾经照顾和关心我的医护人员。

致敬一群可爱的人

人吃五谷杂粮，哪有不生病的？人一生中避免不了与医生和医院打交道。在这里还是想呼吁一下大家，给医护人员多一些包容和理解。

如果你在看门诊时遇到医生态度不是很热情甚至有些不耐烦，请你们理解一下。他们一天可能要看几十、上百位病人，工作强度大，而且面对的病人大多很焦虑，难免会有情绪不好的时候。多一分包容，少一分争吵；多一分理解，少一分矛盾。

其实，专家门诊分摊到每一位患者身上的时间非常宝贵。如何高效利用时间和资源，节省医生的时间，更有利于医生做出诊断呢？总结以下几点建议，分享给大家。

第一，如果沟通有障碍，那么看病时要学会借助工具来辅助表达。

如果你有言语障碍或不善表达，那就写给医生看，提前写好或打印出来。手写的话要字迹工整、表述准确，以免因医生看不清而耽误时间；简明扼要地写清楚病史，医生没有时间看长篇大论。

如果你听力有障碍，那就需要带一个能帮你转述的朋友，或者也用以上书写的方法。这样就不会有太大障碍，也不会浪费彼此的时间。

第二，如果你有很多问题，但每次都问不清楚，那就在问诊前整理好自己思路，努力做到条理清晰地询问，既切中要害又能提高效率。

有些朋友说话毫无逻辑，语无伦次，颠三倒四，啰啰唆唆来回说车轱辘话，东一榔头西一棒子，完全不知道自己要说什么。如果你感觉自己一句两句说不清，就把自己的问题或疑惑列好，写在纸条上，按顺序讲述会达到事半功倍的效果。否则，最后你一定有很多问题想问没问，有的问题却重复问，浪费彼此的时间，占用公共资源。

你可以先把自己的思路捋清楚，预演一遍看病的情景，把想问的内容用简短的话说清楚，这样有助于医生更好地了解你的情况，提高诊断的效率。

第三，带全检查结果和资料。

看门诊前，检查有没有带全所需资料，不要因为缺失一份材料影响医生的诊断，那就得不偿失了。特别是像核磁共振、CT、血液化验等一些结果，都是医生判断病情的重要依据，缺少一项，可能就要延误诊断。

最后，不要忘记多加一句"您辛苦了，谢谢"等感谢的话。礼貌一些、客气一些、温和一些，当一个人感觉到温暖的时候，态度自然就不会太差。

Letter | 给孩子的信

亲爱的宝贝，人生太短暂了，去感受快乐幸福都不够，哪有时间去纠结、悲伤、难过、焦虑、害怕？好好去吃、喝、玩、乐，享受生活，好好对待自己，让自己的精神生活再丰富一些。

天一定会亮的，
只是黑夜有长有短

亲爱的小小迪：

　　《纽约太阳报》有一位年轻的记者，对爱迪生做过一次采访，问道："爱迪生先生，你的发明曾经失败一万次，你对此有什么看法？"爱迪生停顿了几秒回答："年轻人，那不叫失败，我只是发现了一万种行不通的方法。"

　　其实，无论是学习失败、事业失败，还是生活失败，那些都是你的垫脚石，是为了让你站上更高的位置。只要你的精神不破产，就没有什么失败可以让你的人生破产。

　　在很多人眼里，妈妈从 17 岁生病时开始就失败了，这一生都注定生活痛苦，和幸福两个字好像完全不沾边了。但是，我偏偏不这么认为，多年以后我还发现，曾经比我学习好的，比我长得漂亮的，比我家境好的，照样有工作不如意的、找不到对象的、婚姻失败的，反而我过得比较幸福，活得比很多人精彩。

　　生活中发生的每一件事，都有上天的美意，没有一件例外。包括不被老板和同事喜欢，创业破产，被最信任的人欺骗，被爱的人背叛，等等。为什么有些人不能收获生命馈赠的礼物？因为他们在遇到事的时候经常问："为什么是我？为什么要这样对我？为什么我这么倒霉？"

　　消极地责问，会把人引入深渊。我的秘诀是，无论遇到什么事，一旦发生，先不看消极的一面，而是第一时间问自己，发生这件事有什么好处？我能从中学到什么？它能给我带来的成长是什么？我能从中收获什么？这样一想，再糟糕的事情也有好的一面，它们或者磨炼了我们的意志，拓宽了我们的视野，增强了我们某方面的能力，或者把我们带到一个更自由、更宽广、更高的境地。

　　比方说，在17岁生病之前，我一直认为人生唯一的路径就是高考，每天看着黑板上写的"距离高考××天"，整个人像打了鸡血一样。我拼命读书做题，期望如家长和老师所愿，考上好的大学。

　　生病之后，一切都变得不一样了。没有人盯着我学习了，觉得我只要能好好吃饭、按时吃药、早点儿睡觉、保持足够的精力和体力、可以生活自理就很不错了；每一次复查别出什么事，就谢天谢地了。这也让我知道，原来高考不是人生中最重要的事，比起健康快乐，优秀远没有那么重要。

生病的确是很糟糕的一件事情，但它也有积极的一面，给我带来了很多好处。比如，因为肌肉无力，我知道自己不能靠体力工作，那么脑子就得好使，这让我多了一些思考；因为生病休学，我才会认识你的爸爸，才有了你，这是不是一件天大的好事？

世界上没有任何一片乌云可以遮住你想着阳光的眼睛。所有不好的事情，都会隐藏着好的事情，有些事情不一定会立刻让你发现，而是要经过一段时间沉淀，才会慢慢被看见。最关键的在于你用什么样的心态去面对。比方说，有两个人朝着同一个窗向外望去，一个人看到的是满地的泥泞，另一个人却能看到满天的繁星，我希望你是那位可以看到满天繁星的人。

我很喜欢海伦·凯勒在《假如给我三天光明》中描述的心灵体验，也从中得到很多启发，我把它做了一些改编后送给你：去善待你的嘴巴，就像明天你将失声、再也无法言语一样；去善用你的眼睛，犹如明天你将会失明一样；去聆听潺潺流水、悦耳的鸟鸣和铿锵有力的乐曲，犹如明天你将会失聪一样；去用心抚摸每一件想抚摸的物件，犹如明天你将会失去触觉一样；去嗅闻鲜花的芬芳，犹如明天你将失去嗅觉一样；去用心品尝每一口佳肴，就像明天你将永远无法咀嚼、无法吞咽一样。

　　亲爱的宝贝，恭喜你身体健康，那就更应该锻炼强壮的体魄，专心致志地学习，痛痛快快地玩耍。坚持你的热爱，让自己活得尽兴些。学会珍惜和感恩。你也要学会保护好自己，没有什么比你自己更宝贵。

　　你要记住，无论遇到什么困难，总有解决的办法。天一定会亮的，只是黑夜有长有短，相信你一定能度过黑暗，迎来明媚的日出。

爱你的妈妈

给孩子的第2封信

可以崩溃，
但不可以一直崩溃

亲爱的小小迪：

　　我曾经读过这样一个故事：有一个乐观的流浪汉，从不跪拜上帝，这令上帝感觉自己的权威受到了挑战，便把这个流浪汉关在一间十分闷热的房间里，却发现他还是很开心，就问他："这里这么闷热，你一点儿也不觉得难受吗？"流浪汉答："待在这个房间里，我便想起在公园里坐着晒太阳，当然很开心！"

　　上帝又把这位快乐的流浪汉关到冰冷刺骨的房间里，流浪汉依旧很开心，上帝问他："这里如此寒冷，你为什么开心？"流浪汉回答："待在寒冷的地方，让我联想到圣诞节就快要到了，自然很开心。"

　　上帝又把他关到潮湿又阴暗的房间，流浪汉依旧很高兴，上帝困惑不解，说："这次你若能说出一个让我信服的理由，我便不再为难你。"这位快乐的流浪汉说："我是一个足球迷，但我喜欢的球队很少会赢，有一次他们赢了，那天就是这样的天气，所以每遇到这样的天气，我都十分高兴，这会让我联想到自己喜欢的球队难得的一次胜利。"上帝无话可说，只好给了这个流浪汉自由。

这个故事中的流浪汉，不仅仅是一个积极乐观的人，还是一位逆商高手。他风餐露宿、没有任何物质保障，也没有亲情、爱情、友情等依托，但他会和自己"谈恋爱"，爱自己，记住每一段快乐的时光，他的精神世界很富有。正是他对自己的那份爱驱散了生活给他的痛苦。

亲爱的宝贝，每个人都会经历一些困难，遭遇一些挫折，你可以哭，可以闹，可以有短暂的悲伤和痛苦，这都很正常。但是，你不能一直沉浸其中，要擦干眼泪振作起来，想办法走出去，并记住这一次的教训。而且，你不要在不值得的事情上重复浪费时间和精力，也不要在一个不值得的人身上浪费青春，因为时间是线性流逝的，不会为任何一个人暂停哪怕一秒，过去了就是过去了。

如果你真的很痛苦，过了一段时间还是不能脱离，那就什么也别想，等太阳出来就出去走走，或者跑一跑。《内经》说："平旦人气开"，"旦"这个字是地平线上的太阳，寓意太阳升起。人气就是阳气，早晨我们的阳气是借助天地的能量而来的。所以，你要学会借助大自然的力量，去补充自己的能量，我特别喜欢与太阳共舞或亲近大自然，喜欢去公园划船、去动物园喂动物、去植物园赏花，或者去广场喂鸽子。

周末晴天的大好时光，尽量不要窝在家里与电子产品为伴，你可以约上三五好友去运动、去聚餐、去唱歌、去看展、看演出。电子产品的确可以为你带来短暂的快乐，但是时间长了也会反噬你。我只要对着计算机和手机超过2小时，就会头晕、咳嗽，虽然你可能没有我这么明显的反应，但受到的损害是同样的，积攒到一定程度也会爆发出来。

如果你真的遇到了自己无法解决的问题，也不要怀疑自己、否定自己，可以学一学《西游记》中孙悟空的做法。在取经的路上，师徒四人遇到了形形色色的妖魔鬼怪，有很多也是孙悟空对付不了的，但他不会自己死拼，也不会放弃，而会去搬救兵，灵活地借别人的资源与能力帮助自己。

"借力"，并非一种无能的表现，恰恰相反，它体现的是一种智慧，与奋斗、拼搏同等重要，有时它甚至是一种把弯路走直的捷径。比尔·盖茨曾说："在成功的道路上，我们并非一定要依靠他人，但懂得如何依靠他人的人，他们的前途一定更加平坦，更加光明。"

　　如果说"借助外力"是临事应变的一种智慧，"有力可借"则离不开平时积累的人际关系资源。"一个篱笆三个桩，一个好汉三个帮"，孙悟空借力打力、借米下锅、事半功倍，靠着积攒的人际关系资源、靠着灵活应变的个人能力成就了自己，也成就了他人，最终完成了取经大业。

　　人生，不过是一场时间有限的游戏，学习、考试、求职、工作、晋升，都只是难易程度不一的关卡，就看你怎么去通关了。你也是孙悟空，从来不是一个人在战斗，也要学会善假于物。

　　很多时候，生活就是一个高速旋转的万花筒，有太多因素是我们无法控制的，但也实实在在地影响了我们。正如《平凡的世界》中的一句话："生活总是这样，不能叫人处处都满意，但我们还是要热情地活下去。"亲爱的宝贝，生活不可能事事尽如人意，无论是深陷困境、遭遇伤害、失望崩溃，都可以选择重新出发，总有触底反弹的转机。你可以崩溃但不能一直崩溃，要保持一颗平常心，用乐观的心态和方式面对这个世界。记住，没有过不去的坎儿。

爱你的妈妈

给孩子的第3封信

海阔凭鱼跃，天高任鸟飞，
你的人生你做主

亲爱的小小迪：

古人云："知之者不如好之者，好之者不如乐之者。"热爱能神奇地唤醒人的内驱力。不少有成就的人，都是通过不断摸索，从事自己喜欢的事，最后取得令人羡慕的成绩的。

在你很小的时候，我就发现你非常喜欢做手工，喜欢玩各种各样的橡皮泥，把小动物捏得惟妙惟肖的。现在，你上小学三年级了，时间越来越宝贵了，所以，在你提出还想上陶艺课的想法时，爸爸不是很赞同，理工科出身的他觉得要学点有用的，要么能考级，要么能为中高考加分。

后来我告诉爸爸，之前送你去上其他兴趣班，你都不是那么心甘情愿，现在周六早上的陶艺课，你能每天起很早，主动去上课，这是多好的事啊。做自己喜欢的事情多幸福，快乐多么难能可贵。每周能有2小时心情非常愉悦，足够支撑你面对一周紧张的学习了。再说了，为什么学的东西一定要马上派上用场？陶艺并不是什么技能也不能提升，它可以帮助你锻炼想象力、创新能力、空间立体感，甚至提升你的审美，这就足够了。

爸爸觉得有道理，我们达成了一致，只要你的学习成绩不下滑，就可以一直选择一件你喜欢的事做下去。很多年后你会发现，那些曾经喜欢，但看上去无用的事会有大用。

我希望，你长大后也一样能找到自己喜欢的工作，如果这份工作不能养活自己，就要想办法转变一下思路。比如，你喜欢画画，很多画家在没出名之前会露宿街头，你可以选择和画画有关的工作，先做个设计师，或者去做某位画家的助理，先养活自己，再一步步靠近你的梦想。

如果你找不到喜欢做的事情，那就找到你欣赏或崇拜的人，顺藤摸瓜去感受他的热情投向了哪里。那个人，也许在你身边，也许在书中，也可能在遥远的传说里。

真心喜欢的事，隐藏在各种线索里，一个动人的故事、一本喜欢的书、一部感人的电影，都可能在某个时刻给你启发。其实，从幼儿园到小学，以学期为节点，我们给你报过各类兴趣班，就是在试图找到你的兴趣所在。比如说，为了培养你读书的好习惯，我们煞费苦心地设置了"家庭读书日"。因为我认为示范才是对你最好的教育，说再多道理都不如言传身教。这一天全家人一起读书，交流心得体会，把自己看的故事讲给家人听。为了不让你被游戏、手机等诱惑，我们还在家里开设了"养机厂"，由你担任厂长。每天爸爸妈妈下班后，你负责把我们的手机收走，放到"养机厂"的盒子里保管，除非有工作上的事才可以看手机。

人生匆匆几十载，不要去做令自己痛苦的事，兴趣是我们从事任何事业热情的源泉，也许你的兴趣不会给你带来显赫的地位、至高无上的荣耀、殷实的收入，但它一定让你无比快乐。

做了妈妈之后，我还很认同一个观点：三流的妈妈是保姆，二流的妈妈是老师，一流的妈妈是榜样。我也是第一次做妈妈，有很多地方做得不尽如人意，不好的地方还请担待，我一直朝着一流妈妈的方向努力。有一点我没有偷懒，就是对你的陪伴。我从来没有借口自己忙而把你推给其他人，除了你上幼儿园前妈妈的身体状况自身难保，只好让姥姥带你，在我的身体稍微好一点儿时，我都亲力亲为地照料你的生活和学习，只有出差时请姥姥过来帮忙。

自从有了你，世间变得好美丽。在没有你之前，妈妈也是一个爱玩的小女孩，下班可以和姐妹们聚会、逛街、看电影、听音乐会，一人吃饱全家不饿。有了你之后，外面的世界不那么吸引我了，陪你一起长大才是最开心、最幸福的事情。我周末和晚上的时间几乎都给了你，如果有社交，我会尽量安排在中午。

我很感谢你的到来，随着你的出生，我把自己也重新生了一遍、养了一遍。

我们是母女，也是姐妹，要手拉手一起慢慢长大。我很希望能成为那个和你一起说悄悄话的人，希望有能力成为为你排忧解难的人，希望成为你的坚强后盾。

亲爱的宝贝，余生很短，你只需要做你自己，做自己喜欢的事，即使所有人都不理解你，只要你做的是正确的事，妈妈爸爸一定永远支持你，你的人生你做主！

爱你的妈妈

给孩子的第4封信

远离负能量，
靠近正能量

亲爱的小小迪：

你一点儿一点儿在长大，身边也有了很多朋友和同学，你可以观察一下每个人的个性和处事态度，都不尽相同。有些人似乎天生就爱抱怨，遇到一点儿事情就推卸责任或抱怨不公，有些人在遇到事情时则会冷静处理，找到解决办法。你更愿意和什么样的人在一起呢？

俗话说，近朱者赤，近墨者黑。接近朱砂，就会被染成红色；接近墨，就会被染成黑色。这句话很适用于人际交往。与善良的、乐观的、积极的人交往时，你也会变得更加积极；而与心胸狭隘、比较消极、爱指责和抱怨的人在一起时，你的情绪也会受到消极影响。

你是一位善解人意、谦虚礼让的好孩子，但请你不要委屈自己。你若想越来越好，一定要有选择性地结交朋友，多与正能量的人在一起。

什么样的人是正能量的呢？积极的、向上的、乐观的、充满希望的人，时刻能给你力量的、能带你持续学习的人，他们一般光明磊落、豪爽大方、诚信负责、善良仁慈，多和他们在一起，你便能始终保持元气满满的状态。

亲爱的孩子，余生很贵，不要和烂人、烂事、烂情绪纠缠不清，当断则断，远离一切负能量的人。与正能量的人相反，负能量的人很消极、很悲观，心态不好，一不如意就抱怨，絮絮叨叨，喋喋不休，不仅自己越来越烦躁，<u>还严重影响身边的人</u>。

要想多和正能量的人交朋友，你首先得成为一个正能量的人，要始终保持对生活的热爱和对美好的向往。从资源的角度看世界，满世界都是资源；从问题的角度看世界，满世界都是问题。

宝贝，你现在努力做的事情不一定是你喜欢的，但这是为了有一天，你有能力选择去做你喜欢的事情。只要你为未来付出踏踏实实的努力，那些你觉得离你很遥远的"偶像"和不容易去到的地方，终将在你的生命里出现。

每个人的认知不同，每个人面对世界的方式也不同，你无须指出他们的问题，更不要试图去说服他们。你只需要让自己变得更好，靠近正能量的人，多交一些正直善良、乐观开朗、积极向上、志同道合的朋友。

勇敢地去做自己，要知道，你不可能成为别人，你只能是你自己！不管是在学校还是在社会上，你会遇到形形色色的人，看到各种各样的事情，你不必强求所有人都喜欢你，没必要因为别人的看法与观点就改变自己，更不要因为拉不下面子勉强自己和令你不舒服的人在一起，能做自己是一种勇气，也是一种幸运。

愿你可以按照自己的意愿生活，愿你成为一个正能量满满的人，愿你像太阳一样，所到之处都是光芒！

爱你的妈妈

给孩子的第5封信

人生最大的智慧，
就是难得糊涂和放过自己

亲爱的小小迪：

　　"难得糊涂"，是清朝乾隆年间郑板桥的传世名言，也是他为官之道与人生之路的自况。后人感慨这四字中富含的哲理，便以横幅的形式挂于家中，作为处世的警言。

　　在我看来，难得糊涂也等同于大智若愚。聪明和智慧是两码事，只有小聪明、没有大智慧的人往往过得不太好，如果你的聪明被所有人发现，那是挺傻的一件事，要学会隐藏自己的聪明。具体该怎么隐藏？就是那四个字，难得糊涂。

　　我们要向稻穗学习，越是成熟的稻子，稻穗垂得越低。就好比半瓶子醋晃得厉害，满瓶醋则稳得很。骄傲自大的人，就算能力再强，也得不到尊重。总之，做人谦虚一点儿，低调一点儿，笑容多一点儿，偶尔装装傻，看破不说破，点到为止，才是大智慧。

"人生的很多烦恼，其实都是自找的。"很多时候，你之所以会烦恼，往往是不肯放过自己，被执念束缚了手脚。所以，人除了学会适当糊涂，还有一堂必修课，那就是学会放过自己，活得通透些。

苏东坡有篇文章《记游松风亭》，大概内容是他被贬到惠州的时候，有一次去爬山，山上有个亭子叫松风亭。他爬得有些辛苦，想去那个亭子里歇息片刻，就继续往山上走。走了一会儿，他抬头看亭子离自己还很远，只能继续往上走，走得气喘吁吁再次抬头看，亭子依旧很远，他问自己："还得走多久才能到亭子里休息呢？"这时，他转念一想，这里怎么就歇不得呢，干吗一定要走到亭子才能歇息。

"此间有什么歇不得处"，正是苏东坡的人生智慧。有什么歇不得的呢？有什么是不能放下的呢？有什么值得生气和怨恨呢？其实，很多时候，我们都是在和自己较劲，放下虚荣心、放下攀比心、放下不切实际的目标，不刻意追求，顺其自然，苦恼的时候停一停，静下来想一想，一切便会豁然开朗。

反观我们自己，在发脾气前是不是本身已经有情绪了？同样一件事情，在两个完全不同的情绪状态下，就会有截然不同的反应。比如，你今天考了个好成绩了，心情大好，同学一不小心打碎你心爱的杯子，你可能没当回事，旧的不去，新的不来，再买一个好了。如果你今天被老师批评了，心情郁闷至极，这时心爱的杯子被打碎，悲伤情绪就会叠加，你很难再心平气和了，甚至会把这两件事联系在一起，觉得这一天就是自己的"倒霉日"。

时刻让自己保持好心情，也需要修炼。比方说，每个职场人都希望升职加薪，但有些人一心只想晋升，把升职作为人生第一大目标，拼命工作，一心要做出业绩，但最后公布的升职名单里没有他，他的心理落差极大，终日郁郁寡欢。还有的人，熬到最后熬白了头，也没等来升职。何必这样逼迫自己呢？当你把一件事定成目标时，想着完成它、挑战它、克服它，就会感到疲惫，过程就没有愉悦感可言。当你给自己松绑，放过自己，让自己处在一个比较放松、自在、愉快的状态时，即使碰到不顺心的事，只要心情是好的，事情也不会太糟糕。

不过，现实中很多人是长了一颗《红楼梦》的心，却生活在《水浒传》的世界，想结交一些《三国演义》里的桃园兄弟，没想到遇到了《西游记》里的各种妖魔鬼怪。所以，如果你遇到了一些"妖魔鬼怪",千万不要太相信他人的花言巧语,要明确自己的底线,不让不怀好意的人在自己的生活中做出恶意的事情。

物以类聚、人以群分,当你的认知达到一定的高度,身边就会聚集一群更优秀的人,"妖魔鬼怪"自然会远离你,因为他们知道那些把戏是蒙骗不了你的。

提升自己的实力,学习一些新技能,拓宽自己的视野,开阔自己的思路。让自己变得更优秀,去遇见更好的人。

亲爱的孩子,人生短短几十年,岁月无情,转瞬即逝,不必将一切看得太重。无论遇到什么事,请你以一颗平淡之心、糊涂之心来对待,让自己活得轻松幸福一些。做人也一样,有时候糊涂一点、想开一点、放下一些,才是人生的大智慧。

爱你的妈妈

给孩子的第 6 封信

一生不过三万天，
快乐过好每一天

亲爱的小小迪：

　　如果我们能健康高质量地活到 80 岁，人生也就 29200 天，再减去你现在年岁，剩下的就是你有限的时间，你算一算，还有多少天是属于你的时间？

　　亲爱的宝贝，人生太短暂了，去感受快乐幸福都不够，哪有时间去纠结、悲伤、难过、焦虑、害怕？好好去吃、喝、玩、乐，享受生活，好好对待自己，让自己的精神生活再丰富一些。

　　当下社会节奏越来越快，有些人只顾工作，根本没有属于自己的生活。你要知道，努力工作是为了好好生活，选择拿命去换金钱、换成就、换成功，是世界上最傻的事。你的确需要努力，但要在不损害健康的前提下努力，努力是在有效的时间里做更有意义、有价值的事，这才是一个智慧的选择。

　　未来，我希望你的事业可以让你的时间自由些，这样你可以更好地把握自己的生活节奏。你可以很忙碌，但不能忘记生活，如果工作让你很不快乐，也没有多大成长，又牢牢限制了你的时间，那你可能该考虑换一份工作了。我并不鼓励你去做一份所谓有稳定收入的、一眼望到头的工作，而是希望你去做自己喜欢的事，如果这件事能养活你，那你很幸运，如果不能，就想办法把喜欢的事变成可以养活你的事业。

　　此外，你也要知道，时间是这个世界上为数不多的公平且宝贵的东西，每个人的一天都是24小时，要把有限的时间花在价值更大的事情上，而不是把宝贵的时间浪费在无意义的事情上。比如说，有些人工作压力太大，闲暇之余总在家里玩游戏、追剧、刷视频、看网文，这的确可以让人暂时放松，但时间长了只会让人变空虚，甚至会摧垮自己的意志力和身体。所以，我希望你多结交积极进取的优质朋友，多和有趣的人聊天，多和有智慧的人喝茶，多请比你优秀的人吃饭，对身边重要的人，逢年过节或对方生日，给他们送个小礼物；也要多做让自己身体健康的事情，比如去公园跑步、晒晒太阳、散散步，多做让自己有成就感的事情。

　　在必要时要花钱买时间，比如，家务请钟点工做，请个做饭不错的阿姨，避免在一些重复的琐碎事情上耗费时间。在必要时，花钱买体验也很重要，每年都要至少给自己1~2个悠闲的假期，休年假时要避开客流高峰期。生命有限，充分享受每一个瞬间，把每一分每一秒过得愉悦，生命就会在无形中得到延展，享受体验能拓展我们的时间。必要时，更要花钱买成长。每年给自己拓展一个新的领域，学一门你感兴趣的知识。

此外，我还要格外提醒你一点，有些事情是你绝对不能触碰的，如沉迷游戏、赌博等，当然我相信你不会。无论发生什么事，女孩子都不可以在外面把自己喝得烂醉如泥，要时刻保持头脑清醒，保护好自己、爱护自己是第一要务。

宝贝，当你不快乐时，就去算一算生命还剩下多少天，还有没有时间闷闷不乐？在这个世界上，没有一个人有资格让你伤心、痛苦、不开心，只有你自己可以；也没有人可以左右你的人生，只有你自己可以；更没有人有资格对你的生活指手画脚。自由自在地做自己，好好享受每一个当下，每天早上起来对着镜子笑一笑，活得尽兴一些、快活一些、充实一些、精彩一些。

爱你的妈妈